2017 年青海大学教材基金建设项目

材料成型及控制工程专业
实验实训教程

李　戬　主编

北京航空航天大学出版社

内 容 简 介

　　本书为高等学校实验用教材。全书共分五篇,主要介绍工程材料实验、铸造成形、轧制成形、挤压拉拔、锻造与冲压成形、焊接成形、材料分析表征等金属成形过程的实验原理、方法和实验仪器设备,培养学生掌握运用实验手段处理问题的基本程序和基本技能的验证性的常规基础实验,以加深学生对理论知识的理解与掌握;工艺参数测定与控制的相关实验,不仅可以让学生掌握工艺参数测定与控制的相关原理与方法,而且可以让学生理解大生产中的工艺控制过程。除了传统的实验方法和手段外,还编写了计算机模拟与虚拟仿真实验,这些实验既可以辅助教学,又可以让学生了解现代化的研究手段。书中每个实验都列出了实验目的、实验内容和基本原理,以及实验设备及材料,并且每个仪器设备均配有实物照片及工作原理,介绍了实验步骤与方法,旨在为材料成型及控制工程专业课程的实验教学提供指导。

　　本书可作为各类高等院校材料成型及控制工程专业以及其他相关专业本科生的教材,也可供有关专业的研究生、工程技术人员自学与参考。

图书在版编目(CIP)数据

材料成型及控制工程专业实验实训教程 / 李戬主编
. -- 北京 : 北京航空航天大学出版社,2019.8
　ISBN 978 - 7 - 5124 - 3047 - 1

　Ⅰ.①材… Ⅱ.①李… Ⅲ.①工程材料－成型－实验－高等学校－教材 Ⅳ.①TB302

　中国版本图书馆 CIP 数据核字(2019)第 154816 号

材料成型及控制工程专业实验实训教程
李 戬　主编
责任编辑　王　实
＊
北京航空航天大学出版社出版发行
北京市海淀区学院路 37 号(邮编 100191)　http://www.buaapress.com.cn
发行部电话:(010)82317024　传真:(010)82328026
读者信箱:bhpress@263.net　邮购电话:(010)82316936
涿州市新华印刷有限公司印装　各地书店经销
＊
开本:710×1 000　1/16　印张:8　字数:170 千字
2019 年 8 月第 1 版　2019 年 8 月第 1 次印刷　印数:1 000 册
ISBN 978 - 7 - 5124 - 3047 - 1　定价:29.00 元

前　言

作为工程实践性很强的学科,实验教学是材料成型及控制工程专业教学中重要的组成部分,对于学生动手实践能力的培养就更为重要。为了适应当前教学改革与创新人才培养的需要,青海大学材料加工工程综合实验中心组织专家教授与实验技术人员编写了此书。

本书分为五篇。第一篇主要以工程材料实验为主,包括金相实验、热处理实验等,以加深学生对工程材料课程理论知识的理解与掌握。第二篇为材料成形实验,主要介绍冲压、锻造、焊接、轧制、铸造等材料成形工艺相关实验,这些实验可以让学生掌握材料成形工艺参数的测定与控制的相关原理与方法。第三篇为无损检测实验,主要介绍超声检测和涡流检测实验。第四篇为材料分析表征实验,主要介绍 X 射线衍射仪、透射电子显微镜及扫描电子显微镜的操作使用规程。第五篇为材料拉伸、疲劳、冲击韧性及热-力模拟仪等其他材料成形实验,与已建立的材料虚拟仿真实验室配套使用。这些实验既可以辅助实验教学,又可以让学生了解现代化的研究手段。

本书共 31 个实验。每个实验均由实验目的、实验原理、实验设备及材料、实验方法和步骤、实验结果、思考讨论题及实验报告要求等组成。书中加入所用相关设备的实物照片及应用原理,图文并茂,通俗易懂,既适合作为各类高等院校材料成型及控制工程专业以及其他相关专业本科生的实验教学教材或教学参考书,也可供相关专业研究生、工程技术人员参考。

本书由青海大学李戬教授主编。其中:王金辉编写了实验1~7及实验26,李戬编写了实验8~10、实验14、实验15、实验19、实验27,时博编写了实验11~13、实验28,李灼华编写了实验16~18,衡中皓编写了实验20、实验21,魏福安编写了实验22~25,朱云鹏编写了实验29~31。本书由李灼华副教授负责统稿。

本教材的编写得到了青海大学教材建设基金项目的资助。此外,在编写过程中,北京科技大学孙建林教授、张朝磊副教授对本书的初稿提出了宝贵的修改意见;本书的出版得到了北京航空航天大学出版社的大力支持,谨此一并深表谢意。

由于作者水平有限,书中难免存在不妥之处,恳请广大读者批评指正。

作　者
2019 年 7 月

目　录

第五篇　其他材料成形实验

第一篇
工程材料实验

材料成型及控制工程专业实验实训教程

实验 1　金属材料的硬度和冲击韧性测定

1. 实验目的

（1）了解材料硬度测定原理及方法。

（2）了解布氏、维氏和洛氏硬度的测量范围及其测量步骤和方法。

（3）了解显微硬度的测量范围及方法。

2. 实验原理

硬度测量能够给出金属材料软硬程度的数量概念。由于在金属表面以下不同深处材料所承受的应力和所发生的变形程度不同,因而硬度值可以综合地反映压痕附近局部体积内金属的弹性、微量塑变抗力、塑变强化能力以及大量变形抗力。硬度值越高,表明金属抵抗塑性变形的能力越强,材料产生塑性变形就越困难。从某种意义上说,硬度的大小对于机械零件或工具的使用性能及寿命具有决定性意义。

布氏硬度

布氏硬度试验是施加一定大小的载荷 P,将直径 D 为 2.5 mm 的钢球压入被测金属表面保持一定时间,然后卸除载荷,根据钢球在金属表面所压出的凹痕面积 $S_凹$ 求出平均应力值,以此作为硬度值的计量指标,并用符号 HB 表示。

维氏硬度

维氏硬度的实验原理与布氏硬度相同,也是根据压痕单位面积所承受的实验力来表示维氏硬度值。所不同的是维氏硬度用的压头不是球体而是两对面夹角 $\alpha = 120°$ 的金刚石四棱锥体。压头在试验力 P(单位是 kgf 或 N)的作用下,将试样表面压出一个四棱锥形压痕,经规定时间保持载荷之后,卸除试验力,用读数显微镜测出压痕对角线的平均长度 d

$$d = (d_1 + d_2)/2 \tag{1-1}$$

式中:d_1 和 d_2 分别是两个不同方向的对角线长度,用以计算压痕的表面积。所以,维氏硬度值(HV)就是试验力 P 除以压痕表面积 S 所得的商。当试验力 P 的单位为 kgf(1 kgf=9.8 N)时,计算公式如下:

$$HV = \frac{P}{S} = \frac{2P\sin(136°/2)}{d^2} = 1.854\,4\,\frac{P}{d^2} \tag{1-2}$$

当试验力 P 的单位为 N 时,计算公式如下:

$$HV = \frac{0.102P}{S} = \frac{0.204P\sin(136°/2)}{d^2} = 0.189\,1\,\frac{P}{d^2} \tag{1-3}$$

与布氏硬度一样,维氏硬度也不是标注单位。维氏硬度值的表示方法是:在 HV 前书写硬度值,HV 后按顺序用数字表示实验条件(试验力/试验力保持时间,保持时间为 10～15 s 者不标)。例如 640HV30/20 表示用 30 kgf(294 N) 试验力保持 20 s 测定的维氏硬度值为 640。如果试验力为 1 kgf(9.8 N),实验加载保持时间 10～15 s,测得的硬度值为 560,则可表示为 560HV1。

维氏硬度试验的试验力为 5(49)～100(980)kgf(N);小负荷维氏硬度试验的试验力为 0.2(1.96)～<5(49)kgf(N),可根据试样材料的硬度范围和厚度来选择。其选择原则应保证试验后压痕深度 h 小于试样厚度(后表面层厚度)的 1/10。

在一般情况下,建议选用试验力 30 kgf(294 N)。当被测金属试样组织较粗大时,也可选用较大的试验力。但当材料硬度≥500 HV 时,不宜选用大试验力,以免损坏压头。试样力的保持时间,黑色金属为 10～15 s,有色金属为(30±2) s。

洛氏硬度

洛氏硬度试验,是用金刚石圆锥压头(圆锥角为 120°)或钢球压头在先后施加两个载荷(预载荷和总载荷)的作用下压入金属表面来进行的。总载荷 P 为预载荷 P_0 和主载荷 P_1 之和,即 $P=P_0+P_1$。

洛氏硬度值是施加总载荷 P 并卸载主载荷 P_1 后,在预载荷 P_0 继续作用下,由主载荷 P_1 引起的残余压入深度 e 来计算。

h_0 表示在预载荷 P_0 作用下压头压入被试材料的深度,h_1 表示施加总载荷 P 并卸载主载荷 P_1,但仍保留预载荷 P_0 时,压头压入被试材料的深度。

深度差 $e=h_1-h_0$,该值用来表示被试材料硬度的高低。

在实际应用中,为了使硬的材料得出的硬度值比软的材料得出的硬度值高,以符合一般的习惯,将被测材料的硬度值用公式加以适当变换,即

$$HR=[K-(h_0-h_1)]/C$$

式中:K 为一常数,其值在采用金刚石压头时为 0.2,采用钢球压头时为 0.26;C 为另一常数,代表指示器读数盘每一刻度,相当于压头压入被测材料的深度,其值为 0.002 mm;HR 为标注洛氏硬度的符号,单位为 HR。当采用金刚石压头及 1 471 N (150 kgf)的总载荷试验时,应标注 HRC 单位为 HRC;当采用钢球压头及 980.7 N (100 kgf)总载荷试验时,则应标注 HRB 单位为 HRB。

3. 实验设备及材料

(1) HB-3000C 型布氏硬度试验机;
(2) HR-150B 型电动洛氏硬度试验机;
(3) 读数显微镜;
(4) 试样:$\phi10\times15$ mm 45 钢,淬火及退火状态。

4. 实验方法和步骤

(1) 将两块钢样品中的一块进行淬火处理,用于测量 HRC,另一块进行退火处

理,用于测量 HB;

(2) 测量 HRC 所用压头为 120°金刚石圆锥,载荷选择 1 470 N(其中预加压力 $P_0 = 10$ kgf);

(3) 使用洛氏硬度计测量淬火后的样品,测三个点的硬度数据,取三点硬度的平均值,得出该材料淬火后的 HRC;

(4) 测量 HB 所用压头为 $D = 2.5$ mm 淬火钢球,压力 $P = 187.5$ kgf(其中预加压力 $P_0 = 10$ kgf);

(5) 使用布氏硬度计测量退火后的样品,测量两个不同点,使用放大镜读取每个压痕在垂直的两个方向上的直径,取平均值查表(用内插外推法查表)可得出 HB 数值,再将两个压痕的硬度数值求平均值得出该材料退火后的材料的 HB。(要求每组同学测二个压痕的直径值)

5. 实验报告要求

(1) 说明实验使用的各种硬度计的原理及操作流程。

(2) 分析各种试样的硬度试验方法与试验条件的选择原则,并附硬度试验结果。

(3) 说明各种硬度值表示方法的意义。

实验 2　铁碳合金平衡组织显微镜观察

1. 实验目的

（1）了解金相样品的制备及腐蚀过程。

（2）了解金相显微镜的构造、成像原理及其使用方法。

（3）了解铁碳合金在平衡状态下高温到室温的组织转变过程。

（4）分析铁碳合金平衡状态室温下的组织形貌。

（5）加深对铁碳合金的成分、组织和性能之间关系的理解。

（6）画出常用铁碳合金的组织形貌。

2. 实验原理

（1）金相试样的制备过程；

（2）金相显微镜的成像原理；

（3）工业纯铁、亚共析钢、共析钢、过共析钢、亚共晶白口铸铁、共晶白口铸铁和过共晶白口铸铁的平衡结晶过程；

（4）铁素体、珠光体、渗碳体、莱氏体组织的相组成、组织特征、性能特点以及成分范围。

3. 实验设备及材料

（1）LWD200－4XB 金相显微镜（带 CCD 图像采集）；

（2）金相标准试样。

4. 实验方法和步骤

（1）了解金相样品的制备过程。

（2）了解金相显微镜结构，掌握金相显微镜的操作方法。

（3）使用金相显微镜观察表 2－1 中样品的显微组织（利用金相标样）。

5. 实验报告要求

（1）金相显微镜数据采集系统对表 2－1 中的标样进行图像采集。

（2）用铅笔画表 2－1 中 1、4、5 和 2（或 3）共四个样品的显微组织。每一样品都各自画在一个 $\phi 30$ 的圆内，并用箭头标出图中各相组织（用符号表示），在圆的下方标注材料名称、热处理状态、放大倍数和浸蚀剂等。

（3）估计 20 钢、45 钢中 P 和 F 的相对量（即估计所观察视场中 P 和 F 各自所占的面积百分比），并利用杠杆原理从理论上计算这两种材料的 P 和 F 组织相对量，与实验估计值进行比较。

表 2-1　Fe-C 合金平衡组织观察样品状态

序　号	材　　料	热处理状态	放大倍数	浸蚀剂	组织及特征
1	工业纯铁	退火	100× 400×	4%硝酸酒精	单一等轴晶 F(少量夹杂)，在显微镜中只能见 F 晶界及夹杂
2	20 钢	退火	100× 400×	4%硝酸酒精	F(白色晶粒)+P(黑色晶粒)
3	45 钢	退火	100× 400×	4%硝酸酒精	同上，但 P 量多
4	T8	退火	100× 400×	4%硝酸酒精	片状 P，无晶界显示
5	T12	退火	100× 400×	4%硝酸酒精	沿晶界白色网状 Fe_3C_{II}，晶内黑色 P(局部少量的片状 P)
6	亚共晶白口铸铁	退火	100× 400×	4%硝酸酒精	组织为$(P+Fe_3C_{II})+L'e$，黑色树枝状为 P，$L'e$ 是 Fe_3C(白色)和 P(均匀分布黑色小点或条状组织)

实验 3 铁碳合金非平衡组织显微镜观察

1. 实验目的

（1）掌握碳钢的热处理工艺。

（2）掌握铁碳合金非平衡的组织形态特征。

（3）理解热处理工艺对钢组织和性能的影响。

2. 实验原理(由学生预习时准备)

（1）过冷奥氏体等温转变产物的组织转变和性能特点。

（2）CCT 图和 TTT 图在实际生产中的应用。

（3）钢淬火回火时的组织转变、组织特征和性能特点。

3. 实验设备及材料

（1）LWD200 - 4XB 金相显微镜；

（2）表 3 - 1 中的标准样品。

4. 实验方法和步骤

使用金相显微镜观察表 3 - 1 中样品的显微组织。

表 3 - 1 Fe - C 合金非平衡组织观察样品状态

序　号	材　料	热处理工艺	放大倍数	浸蚀剂	组织及特征
1	45 钢	840 ℃油冷（或空冷＋水冷）	100× 400×	4%HNO₃ 酒精	网状 T＋M＋A′
2	45 钢	840 ℃水冷	100× 400×	4%HNO₃ 酒精	M＋A′
3	T12	900 ℃水冷＋200 ℃回火	100× 400×	4%HNO₃ 酒精	粗大针状 M＋A′
4	45 钢	840 ℃水冷＋600 ℃回火	100× 400×	4%HNO₃ 酒精	S′
5	T12	850 ℃炉冷（球化）	100× 400×	4%HNO₃ 酒精	粒状 F＋Cem

4. 实验报告要求

（1）利用 LWD200 - 4XB 图像采集系统观察并拍摄标准样品图片。

（2）用铅笔画表 3-1 中的各种样品显微组织。每一样品都各自画在一个 $\phi 30$ 的圆内,并用箭头标出图中各组织(用符号表示),在圆的下方标注材料名称、热处理工艺、放大倍数和浸蚀剂等。

（3）分析 45 钢非平衡组织的特点。

实验 4 铸铁金相组织观察

1. 实验目的

(1) 从组成物和形态上区别白口铸铁与灰口铸铁。

(2) 掌握灰口铸铁、可锻铸铁及球墨铸铁中石墨形态的特征。

(3) 掌握铸铁的三种不同基体。

2. 实验原理(由学生预习时准备)

(1) 石墨化进行的不同程度下的各种组织形貌观察。

(2) 石墨的形态差异对铸铁性能的影响。

(3) 可锻铸铁和球墨铸铁的形成机理。

3. 实验设备及材料

(1) LWD200 - 4XB 金相显微镜;

(2) 金相标准试样(5 种铸铁)。

4. 实验方法和步骤

使用金相显微镜观察表 4 - 1 中所列金相样品的显微组织。

表 4 - 1 铸铁显微组织观察样品状态

序　号	材　料	处理工艺	浸蚀剂	放大倍数	组织特征
1	灰口铸铁	铸态	4%HNO_3 酒精	100× 400×	F+$G_{片}$
2	麻口铸铁	铸态	4%HNO_3 酒精	100× 400×	F+P+$G_{片}$
3	白口铸铁	铸态	4%HNO_3 酒精	100× 400×	P+$G_{片}$
4	球墨铸铁	铸态	4%HNO_3 酒精	100× 400×	钢基体+$G_{球}$
5	可锻铸铁	铸态	4%HNO_3 酒精	100× 400×	钢基体+$G_{团}$

5. 实验报告要求

（1）利用金相显微采集系统对标样进行观察及图像采集。

（2）用铅笔画出表 4 - 1 中的 1、4、5 种显微组织。每一样品都各自画在一个 $\phi 50$ 的圆内，并用箭头标出图中各显微组织，在圆下方标注材料名称、工艺状态、放大倍数和浸蚀剂等。

（3）不同的石墨状态的形成机理及对性能的影响。

实验 5　有色金属显微组织观察

1. 实验目的

（1）了解 Al - Si 合金变质与未变质的组织形态。
（2）了解单相黄铜的显微组织。
（3）了解镁合金的显微组织。

2. 实验原理(由学生预习时准备)

铸造 Al - Si 合金的变质处理原理。

3. 实验设备及材料

（1）LWD200 - 4XB 金相显微镜；
（2）金相标准试样（ZL102、H70、AZ31）。

4. 实验方法和步骤

使用显微镜观察表 5 - 1 中所列金相样品的显微组织。

表 5 - 1　铸铁显微组织观察样品状态

序 号	材 料	处理工艺	浸蚀剂	放大倍数	组织特征
1	ZL102	铸态、变质	0.5%HF 水溶液	100× 400×	Al+(Al+Si)共晶
2	ZL102	铸态、未变质	0.5%HF 水溶液	100× 400×	Al+Si 针
3	H70	铸态、冷挤压	3%FeCl$_3$ + 10%HCl 水溶液	100× 400×	单相 α
4	AZ31	铸态	5%硝酸酒精	100× 400×	α - Mg

5. 实验报告要求

（1）利用金相显微采集系统对标样进行图像观察并采集图像。
（2）画出表 5 - 1 中各种试样的显微组织。每一样品都各自画在一个 ϕ30 的圆内，并用箭头标出图中各组织，在圆下方标注材料名称、工艺状态、放大倍数和浸蚀剂等。
（3）分析常用有色合金的组织。

实验 6　常规热处理实验

1．实验目的

（1）了解常规热处理的操作方式。

（2）掌握常规热处理（退火、正火、淬火、回火）的工艺及热处理后的组织与性能的关系。

（3）了解热处理工艺在生产中的应用。

2．实验原理（由学生预习时准备）

根据铁碳相图分析不同成分的钢种在不同热处理工艺下组织变化的规律。

3．实验设备及材料

（1）LWD200－4XB 金相显微镜；

（2）金相标准试样 45 钢。

（3）TSX－1200 型热处理炉。

4．实验方法和步骤

（1）掌握热处理的工艺操作；

（2）各种热处理工艺处理后的组织；

（3）热处理工艺对性能的影响。

5．实验报告要求

（1）认识各种热处理方式（退火、正火、淬火、回火）的工艺操作；

（2）画出经过各种热处理方式处理后所获得的组织与形貌，具体要求同实验 4。

实验 7 热处理综合实验

1. 实验目的

（1）了解热处理所需设备及加热控制方式。
（2）掌握热处理方式——淬火、回火工艺的操作方法。
（3）加深对钢经不同的热处理工艺处理后，获得不同的金相组织及硬度的理解。
（4）观察不同热处理后的组织形态，并说明各种金相组织对应的热处理工艺。

2. 实验原理

通过不同的热处理工艺改变钢的微观组织组成来改善其宏观性能。

3. 实验设备及材料

（1）LWD200 - 4XB 金相显微镜；
（2）未处理钢样；
（3）热处理马弗炉；
（4）HR - 150B 型洛氏硬度计；
（5）HB - 3000C 型布氏硬度计；
（6）TSX - 1200 型热处理炉。

4. 实验方法和步骤

（1）分组：10 人/组。
（2）据以下技术要求，制定材料的热处理工艺（在实验前预习时完成，包括加热温度、保温时间、冷却介质等）：
① 45 钢：淬火后 HRC 为 55～58，淬火＋高温回火后 HB 为 250～320；
② T8：淬火后 HRC 为 57～62，淬火＋回火后 HRC 为 58～62。
（3）操作热处理设备，学习和掌握温度控制方式、冷却介质。
（4）利用制定的工艺进行热处理工艺操作（加热、保温—冷却—硬度测定—回火—硬度测定）。
（5）测定钢进行相应的热处理工序后的实际硬度（包括淬火后 HRC 和淬火＋回火后的 HRC 或 HB），填入表 7 - 1 中。
（6）金相组织分析：
① 高碳淬火马氏体＋残余奥氏体（T8 淬火金相组织）；

② 淬火马氏体＋网状屈氏体＋少量残余奥氏体(45 钢油冷后的金相组织)；

③ 淬火＋高温回火获得的回火索氏体(45 钢淬火＋高温回火(调质)金相)。

表 7－1　钢淬火、回火后的硬度

材　料	用　途	热处理工艺	技术条件(所定工艺)	测定 HRC(或 HB)的值					热处理后的组织
				1	2	3	4	平均	
45 钢	轴、齿轮	淬火							
		淬火＋回火							
T8	工具	淬火							
		淬火＋回火							

(7) 画出自己热处理工艺的金相组织图片。

5. 实验报告要求

(1) 简述处理设备名称、加热原理及用途；

(2) 讨论热处理工艺与性能的关系；

(3) 画出金相组织分析的金相组织图，并指出你的热处理工艺对应哪种类似组织；

(4) 结合热处理工艺，讨论材料成分、结构与性能的关系。

第二篇
材料成形实验

材料成型及控制工程专业实验实训教程

实验 8　冲孔成形

1. 实验目的

(1) 观察冲孔时锻件形状的变化,研究有关工艺参数对冲孔变形的影响。

(2) 用简图描述冲孔过程中锻件形状的变化。

(3) 研究冲子直径对试件形变的影响。

2. 实验原理

(1) 在坯料上制造出透孔或不透孔的锻造工序称为冲孔。它是锻造工艺中最基本的变形工序之一。冲孔工序常用于以下情况:①锻件带有大于 43 mm 以上的盲孔或通孔;②需要扩孔的锻件应预先冲出通孔;③需要拔长的空心件应预先冲出通孔等。

(2) 冲孔过程中,锻件外形会发生改变。一般表现为高度减小,外圆柱出现桶形(直径增大)。同时,在一个端面上形成下凹,在另一个端面上形成凸拱(见图 8 - 1)。

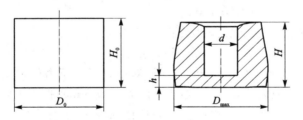

图 8 - 1　圆柱坯料冲孔前后形状

(3) 锻件形状的改变与坯料原始尺寸、冲子尺寸及冲孔时的压入深度有关。

① d/D_0 的值越大,锻件畸变越大。当 $d/D_0 > 0.5$ 时,锻件畸变非常严重;当 $d/D_0 < 0.2$ 时,锻件外形变形相对较小。实际上,只有在 d/D_0 的值较小时才用开式冲孔。

② 冲孔深度越深,锻件畸变越大。冲孔浅(h/H_0 大),锻件变形不大(h/H_0 接近 1);随着冲孔深度加大(h/H_0 变小),冲子使金属向冲孔方向拉缩,使锻件高度变小(H/H_0 变小);冲孔深度进一步加大($h/H_0 < 0.2$),锻件高度又增大(H/H_0 变大)。但是,这种回归现象并不表明锻件畸变减小,而是由于锻件底部上翘造成高度增大,实际使锻件的畸变更大。

3. 实验设备及材料

（1）实验设备：多功能成形试验机或 YW2－200 压力试验机 1 台。

（2）实验材料：铅试件 $\phi 45 \times 40$ mm，6 件/组。

（3）工具：

① 冲子 6 个（直径分别为 $\phi 10$，$\phi 15$，$\phi 20$，$\phi 25$，$\phi 30$，$\phi 35$）；

② 百分表 1 个，百分表座 1 个；

③ 高度游标尺、游标卡尺各 1 把；

④ 外径千分尺 1 把，划针 1 根；

⑤ 起子、内六角扳手、木榔头各 1 把；

⑥ 模套 1 副，垫板 1 块，10 mm 垫块 1 块。

4. 实验方法和步骤

（1）对试件编号，分别测量试件原始尺寸（H_0，D_0）及冲子直径（精确到 0.1 mm），填入表 8－1 中。

（2）检查并试运行设备，确认正常后，停车。

（3）将 $\phi 10$ 冲子装在固定于试验机的模套内，在试验机工作台上放置垫板。

（4）在垫板上放置 10 mm 厚的垫块，用手转动试验机横梁上的手轮，使横梁下降到冲子下端面贴在垫块上端面上。

（5）将百分表座安装于工作台上，装上百分表，使测杆受压后，调整百分表读数为 5 mm；然后提升横梁，取出 10 mm 厚的垫块。

（6）取第 1 号试件放在垫板上，与冲子对中。开动压力机油泵，对试件施压，观察百分表读数，当读数为 5 mm 时（连皮厚度 $h=10$ mm），按下关闭按钮。

（7）提升横梁，取出试件，测量 D_{max}，H，记入表 8－1 对应栏内。

（8）分别用 $\phi 30$、$\phi 35$ 的冲子替代 $\phi 10$ 冲子，对第 5、6 号试件进行冲孔（保持连皮厚度 $h=10$ mm），重复上述步骤。

（9）依次用 $\phi 15$、$\phi 20$、$\phi 25$ 冲子对第 2、3、4 号试件进行冲孔，并使连皮厚度分别等于 20 mm、16 mm、12 mm、10 mm。每一试件都需中途停车 4 次（取出与放回试件），测量与连皮厚度相对应时的试件高度 H，记入表 8－2 和表 8－1 的对应栏内。当连皮厚度为 10 mm 时，还需测量 D_{max}。

分别描绘出 6 件试件变形后（连皮厚度 $h=10$ mm）的主剖面图（绘在实验报告相应位置）。

（10）继续对第 2、3、4 号试件冲孔，使连皮厚度分别等于 8 mm、4 mm 时，测量相应的 H，记入表 8－2 中。

表 8－1 冲孔变形前后尺寸（$h=10$ mm）

试件号	d/mm	H_0/mm	D_0/mm	D_{max}/mm	H/mm	$\dfrac{d}{D_0}$	δ/%	ξ/%	$h=10$ mm
1(ϕ10)									
2(ϕ15)									
3(ϕ20)									
4(ϕ25)									
5(ϕ30)									
6(ϕ35)									

表 8－2 冲孔深度与试件畸变

连皮厚度 h/mm	2 号试件(ϕ15)					3 号试件(ϕ20)					4 号试件(ϕ25)				
	$h/$mm	$H/$mm	$H_0/$mm	$\dfrac{h}{H_0}$	$\dfrac{H}{H_0}$	$h/$mm	$H/$mm	$H_0/$mm	$\dfrac{h}{H_0}$	$\dfrac{H}{H_0}$	$h/$mm	$H/$mm	$H_0/$mm	$\dfrac{h}{H_0}$	$\dfrac{H}{H_0}$
20															
16															
12															
(10)															
8															
4															

5. 实验报告要求

（1）绘草图

分别绘出 6 件试件变形后（连皮厚度 $h=10$ mm）的主剖面草图。

（2）作关系曲线

① 根据实验结果（见表 8－1）作出当冲孔连皮厚为 10 mm 时的 $\delta=f\left(\dfrac{d}{D_0}\right)$ 和 $\xi=f\left(\dfrac{d}{D_0}\right)$ 曲线。

② 根据实验结果（表 8－2）作出 $\dfrac{H}{H_0}=f\left(\dfrac{h}{H_0}\right)$ 曲线（可只作 $d=15$ mm，20 mm，25 mm 的 3 条曲线）。

实验 9　板料弯曲成形工艺实验

1. 实验目的

（1）观察试件在 V 形弯曲时的回弹现象，并掌握测定弯曲回弹角的方法。
（2）研究弯曲件材质和弯曲变形程度对回弹值的影响。
（3）理解最小相对弯曲半径的概念。
（4）分析控制弯曲回弹量的方法。

2. 实验原理

将各种金属毛坯弯成具有一定角度、曲率和形状的加工方法称为弯曲。弯曲是成形工序之一，应用相当广泛，在冲压生产中占有很大的比例，因此掌握弯曲成形特点和弯曲变形规律有着十分重要的意义。

通过对弯曲变形过程分析可知，材料塑性变形必然伴随有弹性变形，当弯曲工件所受外力卸载后，塑性变形保留下来，弹性变形部分恢复，结果使得弯曲件的弯曲角、弯曲半径与模具尺寸不一致，这种现象称为弯曲回弹。在弯曲工艺中的回弹，直接影响了弯曲件的尺寸精度。因此，研究影响弯曲回弹的因素对保证弯曲件的质量有着重要意义。

自由弯曲时的回弹角计算公式为

$$\Delta\alpha = \frac{2m\sigma_{s}r\alpha}{Et}$$

即影响回弹的因素有以下几点：

（1）材料的力学性能：弯曲件回弹角的大小与材料的屈服强度 σ_s 成正比，与弹性模量 E 成反比。材料的屈服强度和硬度模数 m 越大，回弹角越大；材料的弹性模量越大，回弹角越小。

（2）相对弯曲半径 r/t：在工艺上，弯曲件的变形程度用相对弯曲半径 r/t（t 为板料厚度）表示。r/t 越小，弯曲变形程度越大，回弹角越小，即回弹角的大小与 r/t 值成正比。

（3）弯曲中心角 α：表达了弯曲变形区的大小，弯曲中心角越大，所代表的变形区也越大，积累的回弹量也越多，回弹角越大。

采用一套易于更换凸模的弯曲模（见图 9-1），配有一系列具有不同弯曲圆角半径的可更换凸模（见图 9-2）。其中，包括一个制成局部凸起的凸模（见图 9-2(b)），其圆角半径与其中一个可更换凸模的圆角半径相同。

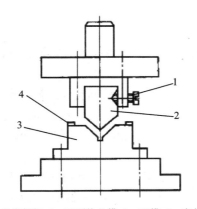

1—紧定螺钉;2—可更换凸模;3—凹模;4—定位块

图 9 - 1　实验用弯曲模示意图

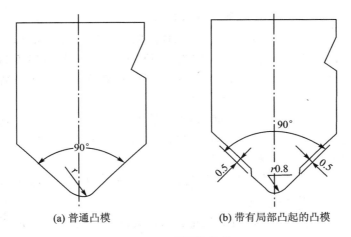

(a) 普通凸模　　　　　　(b) 带有局部凸起的凸模

图 9 - 2　可更换凸模

制备一批不同材料、相同厚度和相同材料、不同厚度的弯曲件毛坯,用这些毛坯在弯曲模上依次更换凸模进行弯曲成形实验,就可以测算出以下几组数据:

① 相同材料、不同变形程度时的弯曲回弹角(包括相同厚度、不同凸模圆角半径和相同圆角半径、不同厚度两种情况)。

② 不同材料在同一变形程度时的弯曲回弹角。

③ 局部凸起的凸模与相应的普通凸模所形成的不同的回弹角。

通过对实验数据的分析,可以了解力学性能 σ_s/E 和相对弯曲半径 r/t 对弯曲回弹的影响,并可以找出各种材料在弯曲回弹值最小时的最佳变形程度,以及使用局部凸起的凸模减小回弹的良好效果。如果材料的厚度选择合适,还可观察到当弯曲变形程度超过材料的极限变形程度,即 $r/t < r_{min}/t$ 时,所产生的变形区破裂情况。

3. 实验设备及材料

(1) Q235 钢板、08 钢板、H62 黄铜板各 10 片,长 50 mm,宽 15 mm,厚度分别为 0.5 mm、1.5 mm 和 2.5 mm;

(2) 实验用弯曲模一副(见图 9-1),凸模 10 个,其中包括图 9-2(a)所示的 r (凸模弯曲圆角半径)分别为 0.1 mm、0.4 mm、0.8 mm、1.2 mm、1.5 mm、2.0 mm、2.5 mm、3.0 mm 和 4.0 mm 的 9 个 90°凸模及图 9-2(b)所示的一个局部凸起 90° 的凸模;

(3) 螺钉旋具一把、测量用角度尺一副、夹料用竹镊子一只;

(4) 160 kN 开式压力机一台、500 kN 手动螺旋压力机一台。

4. 实验方法和步骤

(1) 检查实验用设备和模具能否进行正常工作。

(2) 调整压力机连杆长度,使凸模和凹模之间的间隙为 0.5 mm。

(3) 依次更换不同 r 的凸模进行实验。每更换一个凸模,对厚度为 0.5 mm 的 Q235 钢板、08 钢板和 H62 黄铜板各冲一个试样,用角度尺测量每个弯曲件的弯曲角,算出回弹角的值,记入表 9-1 中。

① 重新调整压力机连杆,使凸模和凹模之间的间隙为 1.5 mm。依次更换不同 r 的凸模进行实验。每更换一个凸模,对厚度为 1.5 mm 的 Q235 钢板冲一个试样,测算出回弹角的大小,记入表 9-1 中。

② 调整凸模与凹模之间的间隙为 2.5 mm,对厚度为 2.5 mm 的 Q235 钢板重复上述实验,记录测算结果,填入表 9-1 中。

③ 在实验过程中仔细观察弯曲处是否出现裂纹,记录裂纹产生时对应材料的厚度和凸模角度。

表 9-1　实验数据记录表

回弹角 板厚/mm　　　　　弯曲半径/mm　　　　　材质		普通凸模									带凸台的凸模
		0.1	0.4	0.8	1.2	1.5	2.0	2.5	3.0	4.0	0.8
0.5	黄铜										
	08 钢										
	Q235 钢										
1.5	Q235 钢										
2.5	Q235 钢										

5. 实验报告要求

（1）分析产生弯曲回弹的机理,阐明正负回弹产生的原因;

（2）根据实验所得数据,作出不同材料的 $r/t - \Delta\alpha$ 曲线;

（3）分析实验中所反映出的材质和变形程度对回弹的影响情况,指出实验所用各材料的最佳变形程度,比较局部凸起的凸模与具有不同 r 的普通凸模对不同试件冲压所得出的回弹值的差别。

实验 10　镦粗成形

1. 实验目的

（1）分析锻造成形过程中金属材料的变形过程及流动规律，加深对塑性成形相关概念的理解。

（2）熟悉锻造成形加热设备（加热炉）和成形设备（四柱液压机），培养学生的实际动手能力。

2. 实验原理

锻造是在一定的温度条件下，用工具或模具对坯料施加外力，使金属发生塑性流动，从而使坯料发生体积的转移和形状的变化，获得一定尺寸和性能的锻件的方法。锻造工艺分为自由锻和模锻。在平砧压缩变形中，在减小坯料高度的同时增大其横截面的工艺称为镦粗。圆柱坯料在平砧间镦粗，随着高度（轴向）的减小，径向尺寸不断增大。由于坯料与工具的接触面存在着摩擦，镦粗后坯料的侧表面变成鼓形，同时造成坯料变形分布不均匀。分析金属塑性成形时的质点流动规律，必须应用最小阻力原理，即在塑性成形中，当金属质点有几个方向移动的可能时，它将向阻力最小的方向移动。工具作用于坯料端面的摩擦力为 τ。因为接触面上质点向自由表面流动的摩擦阻力和质点离自由表面的距离成正比，因此距离自由边界越短，阻力越小，金属质点必然沿这个方向流动。这样就形成了四个流动区域，以四个角的二等分线和长度方向的中线为分界线，这四个区域内的质点到各自的边界线的距离都是最短距离。这样流动的结果是，宽边方向流出的金属多于长边方向的，因此镦粗后的断面呈椭圆形。不断镦粗，各断面必趋向于达到各向摩擦阻力均相等的断面——圆形为止。通过采用对称面网格法的镦粗实验，可以从图 10-1 中看到坯料轴向剖面网格镦粗后的变化情况。经分析，沿坯料对称面可分为三个变形区：

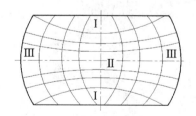

图 10-1　镦粗时变形分布

区域 I 称为难变形区，这是与上下平砧相接触的区域。由于表层受到很大的摩擦阻力，这个区域内的单元体都处于三向压应力状态，越接近试样件中心，三向压缩越强烈。这个区域的变形很小。同时，随着到接触表面的距离越远，摩擦力的影响越小，所以区域 I 大体上是一个圆锥体。

区域Ⅱ是大变形区,它是处于上下两个难变形锥体之间的部分(外围层除外)。这部分金属受到接触摩擦力的影响已经很小,因而在水平方向上受到的压应力较小,单元体主要在轴向力作用下产生很大的压缩变形,径向有较大的扩展,由于难变形锥体的压挤作用,横向坐标网格线还有向上、向下弯曲的现象,这些变形的综合作用就导致圆柱体外形出现了鼓形。

区域Ⅲ是外侧的筒形区部分,称小变形区(中间变形区)。由于受到区域Ⅱ的扩张作用,因而纵向坐标线呈凸肚状,但网格的变形不大。

对不同高径比尺寸的圆柱形坯料进行镦粗时,产生的鼓形特征和内部变形分布均不相同。

(1) 当高径比 $H_0/D_0=1.5\sim2.5$ 的坯料镦粗时,开始在坯料的两端先产生鼓形,形成Ⅰ、Ⅱ、Ⅲ、Ⅳ四个变形区,如图 10-2(a)所示。其中Ⅰ、Ⅱ、Ⅲ区与前述相同,而坯料中部的Ⅳ区为均匀变形区。该区不受摩擦力影响,内部变形均匀,侧面保持圆柱形,继续镦粗,形成明显的双鼓形,如图 10-2(b)所示。

(2) 当高径比 $H_0/D_0=0.5\sim1.0$ 的坯料镦粗时,只产生单鼓形,形成三个变形区,如图 10-2(c)所示。

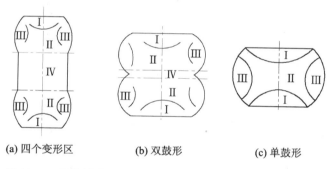

(a) 四个变形区　　　　(b) 双鼓形　　　　(c) 单鼓形

图 10-2　不同高径比坯料镦粗时鼓形变化情况与变形区分布

3. 实验设备及材料

(1) YT32-200C 型四柱液压机,如图 10-3 所示。

(2) 箱式电阻炉。

(3) 材料为 45 钢,试样尺寸:$\phi40\times100$ mm,镦粗后的高度为 50 mm;$\phi40\times40$ mm,镦粗后的高度为 20 mm。

图 10-3　YT32-200C 型四柱液压机

4. 实验方法和实验步骤

(1) 试样准备,设定加热炉的加热温度;

(2) 将试样放进加热炉中加热,并加热至始锻温度

为1 200 ℃,并保温一段时间;

　　(3) 将加热好的试样从炉体中取出,放在压机下,开始进行镦粗实验;

　　(4) 设定参数,镦粗至指定的高度。

5. 实验报告要求

　　(1) 报告格式自定。

　　(2) 对实验结果进行理论分析。

实验 11　镁合金锻造工艺实验

1. 实验目的

（1）熟悉 IM‐Y300 四柱液压机的构造及用途。
（2）初步掌握 IM‐Y300 四柱液压机的操作方法及规范。
（3）掌握镁合金的金相试样制备方法。
（4）掌握分析锻造工艺参数对镁合金显微组织影响的方法。

2. 实验原理

（1）IM‐Y300 四柱液压机的工作原理介绍

IM‐Y300 四柱液压机是利用液压油来传递压力的设备，液压油在密闭的体系中传递压力且遵循帕斯卡定律。IM‐Y300 四柱液压机通过液压油泵把液压油输送到各个单向阀和溢流阀，再把液压油分配到液压缸，利用操作台的按钮/旋钮调节各个控制阀门，在液压油的驱动下，使油缸进行运动并实现启动、停止，以及改变压力、速度及行程的动作。

（2）IM‐Y300 四柱液压机的构造介绍

IM‐Y300 四柱液压机由液压单元、主机及控制系统三大部分组成。液压单元主要指油箱、液压泵及电机；主机部分包括液压泵、主缸、液压缸、上横梁、活动横梁、立柱、充液箱、工作台及底座等；控制系统由操作台、限位器、压力阀、方向阀等组成。四柱液压的主要组成部分如图 11‐1 所示。

上横梁、活动横梁、工作台、底座通过四根立柱及锁紧螺母构成了 IM‐Y300 四柱液压机机身的基本框架，用以承担液压机的全部载荷，并保证其整体强度及刚度要求；同时四根立柱具有导向柱的作用，保证活动横梁沿立柱上下运行的精度。油箱、液压泵及电机主要是为液压系统提供油压。

上横梁上装有主缸及充液箱，主缸为单柱塞作用式油缸，缸体内装有柱塞，缸体与柱塞之间依靠橡胶密封件密封，在缸口装有导向套，保证柱塞运动时具有良好的导向性。与柱塞相连的是活动横梁，活动横梁随柱塞做上下往复运动，其下方安装凸模。工作台安装于底座之上，主要用于安装凹模、加热装置的平台。底座右侧安装有行程限位器，用于检测设备的动作位置，并将信号反馈给控制系统，控制活动横梁的动作。操作台位于主机右侧，通过操作台上的按钮/旋钮实现对液压机的控制。

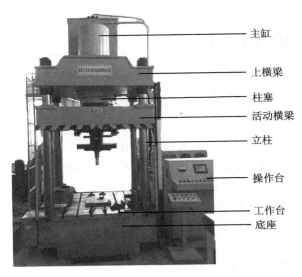

图 11 - 1　四柱液压的构造示意图

（3）液压机的主要技术参数

液压机的常用技术参数包括以下几方面：

① 标称压力　液压机名义上能产生的最大压力，标称压力＝工作液体压强×工作柱塞总面积。

② 最大行程　活动横梁从上限位到下限位能够移动的最大距离。

③ 最大净空距　当活动横梁位于上限位时，从活动横梁下平面到工作平台之间的距离。

④ 活动横梁运动速度　活动横梁可以运动的速度，分为空程运行速度和工作运行速度。

⑤ 工作台尺寸　工作台面的前后、左右之间的距离。

实验室所购买的 IM－Y300 四柱液压机的主要技术参数如表 11－1 所列。

表 11 - 1　IM－Y300 四柱液压机的主要技术参数

序　号	项　　目	规　格
1	标称压力/tf*	300
2	液体最大工作压力/MPa	25
3	工作行程/mm	350
4	滑块最大行程/mm	750
5	顶出活塞最大行程/mm	300

* 1 tf＝9.806 65 kN

30

续表 11－1

序　号	项　目		规　格
6	最大开口高度(滑块距工作台最大距离)/mm		1 250
7	滑块空程下行速度/(mm·s⁻¹)		100
8	滑块空载回程速度/(mm·s⁻¹)		80
9	工作台尺寸/mm	左右	1 600
		前后	1 200
10	立柱中心距尺寸/mm	左右	1 760
		前后	920

3. 实验设备及材料

（1）实验设备：四柱液压机、锻造模具、真空加热炉、抛光机、金相显微镜。

（2）实验材料：镁合金、金相砂纸、腐蚀剂、抛光膏（剂）、抛光布、酒精。

（3）工具：烧杯、一次性橡胶手套、镊子。

4. 实验方法与步骤

（1）IM－Y300 四柱液压机的操作规程及注意事项的讲解

IM－Y300 四柱液压机可以提供定行程和定压力两种工作模式，其动作流程如图 11－2 所示。

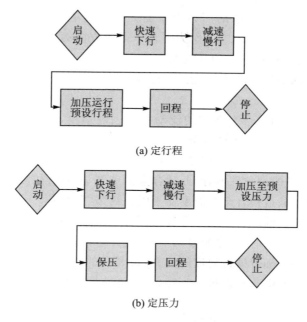

(a) 定行程

(b) 定压力

图 11－2　工作模式

① 准备工作　准备好实验所需的材料及工具;检查设备的油路、电路及控制系统,确认无误后接通电源,启动机器空转 3 min,查看油压是否正常,油路是否漏油,操作按钮是否灵敏,限位开关是否正常,待一切正常后方可进行操作。

② 安装模具　在 IM－Y300 四柱液压机断电的情况下安装上下模具,安装完毕,再启动液压机,校正模具中心及设备零位,确认无误后进行下一步操作,如果模具需要加热,则对模具进行加热保温。

③ 安放坯料　将处理后的坯料放入模具内。

④ 参数设定　打开急停开关及工作软件,校正零点,设置挤压行程或压力等参数。

⑤ 压制操作　打开测试软件记录测试数据,启动电机,进行压制试验。

⑥ 回程退模　压制试验结束后,长按回程按钮使活动横梁带动上模回程上升;将退模模具装入下模进行退模操作。

⑦ 回程关机　退模完成后,按下急停按钮,关闭主电源。

⑧ 清理现场　实验完成后,清理机器各部位的灰尘、油污及杂物,保持工作台整洁。

（2）镁合金锻造后金相取样方法

锻造后镁合金的金相试样制备方法与挤压后镁合金的金相试样制备方法基本一致,不同之处在于取样方式,因此这里只对锻造后镁合金的取样方式予以说明。

取样:在锻造后的镁合金长方体锻件上距离锻件前后、左右、上下表面各 30 mm 处截取金相试样,分别沿锻造方向及垂直于锻造方向剖开,选剖面为观察面并进行镶嵌。取样方式如图 11－3 所示,其中 A 面为平行于锻造方向的观察面,B 面为垂直于锻造方向的观察面。

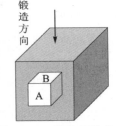

图 11－3　锻造后镁合金的取样示意图

（3）锻造工艺参数对镁合金显微组织影响的分析

① 锻造温度

锻造温度不仅影响镁合金锻件的流动性及表观质量,而且对镁合金的显微组织也会产生重要的影响。由于镁合金在热变形过程中会发生动态再结晶,而再结晶组织的均匀性与晶粒尺寸的大小将直接影响镁合金锻件的力学性能,因此镁合金的锻造温度作为锻造工艺的重要参数而受到关注。通常,锻造镁合金的温度低于固相线 55 ℃ 左右,一般在 250～400 ℃ 之间,高温镁合金的锻造温度更高[1]。温度太低时,镁合金的变形抗力大、塑性差,容易造成锻造开裂;温度太高时,镁合金容易氧化,因此适合镁合金的锻造温度区间很窄。

当变形量一定时,随着锻造温度的上升,镁合金的再结晶晶粒尺寸会降低,再结晶组织变得更加均匀,但当温度进一步升高时,再结晶晶粒出现长大的现象。但镁合

---

[1]　陈振华,等.镁合金.北京:化学工业出版社,2004,5.

金显微组织随锻造温度的变化规律并不是一直如此,在某些条件下可能出现异常现象,因为再结晶行为还受到变形量、变形速度及合金中第二相等因素的影响。

② 变形量

镁合金的再结晶行为不仅受到温度的影响,还受变形量的影响,只有当变形量达到一定值,镁合金具备足够的变形储能时,再结晶才可能发生。

有研究者指出[1],镁合金的变形量可以按高度方向的减小,根据下式进行计算:

$$R = \frac{H_0 - H}{H_0} \times 100\% \tag{11-1}$$

式中:R 为变形量;H_0 为镁合金初始高度;H 为镁合金锻造变形后的高度。

一般来说,镁合金再结晶组织随变形量的增加,晶粒尺寸会逐渐减小,细化效果更加明显。但如前面所提到的,镁合金的再结晶行为受到多方面因素的影响,因此要具体问题具体分析。

5. 实验报告要求

(1)实验报告必须字迹清楚,文字叙述要力求简练,图标、数据要准确。

(2)实验报告作为平时考核成绩之一,必须在实验结束后一周内由课代表收齐交实验指导教师。不符合实验报告要求的,实验指导教师有权退回,令其限期重做。

(3)本实验报告的重点内容:

① 四柱液压机的构造及操作流程;

② 金相试样的制备及金相显微镜的操作;

③ 锻造工艺参数对镁合金显微组织影响的分析;

④ 安全注意事项。

(4)写出实验后的心得体会与建议。

[1] 邓坤坤.锻造工艺对 SiC/AZ91 镁基复合材料显微组织与性能的影响.哈尔滨:哈尔滨工业大学[硕士学位论文],2008,6.

实验 12　挤压实验

1．实验目的

（1）了解并掌握挤压机的操作流程和工作原理。

（2）掌握使用挤压机进行镁合金热挤压的方法，并初步掌握挤压工艺参数对镁合金挤压质量影响的分析方法。

（3）掌握镁合金的金相试样制备方法，并分析挤压工艺参数对镁合金显微组织的影响。

2．实验原理

（1）XJ－550 轻合金卧式挤压机的工作原理

XJ－550 轻合金卧式挤压机的工作原理为：铸棒坯料下料，由加热炉加热到所需的挤压温度并进行保温，然后由工作缸活塞带动挤压杆快速推进至挤压杆头部进入盛锭筒，进行挤压变形。在挤压前，盛锭筒及模具需要进行预热。在挤压过程中，盛锭筒由电加热圈预热，温度由控温装置根据所需的挤压要求进行设定。每次挤压结束后由剪切装置将残料部分与模具剪断分离。

该系列挤压机采用行程自动循环，由液压与电气配合实现，并辅以手动调整，以应付意外情况的急停、暂停等功能，具备较好的安全性能。

（2）镁合金加热规范

镁合金具有良好的导热性，故可将加热炉升温到加热温度，然后将镁合金坯料直接高温装炉进行保温。实际操作中，考虑到镁合金中原子扩散速度较慢及第二相溶解需要较长时间，镁合金的加热速度及时间可按照以下方式进行[1]：当直径小于 50 mm 时，按每毫米直径加热 1.5 min 计算；当直径大于 100 mm 时，按每毫米直径加热 2.5 min 计算；当直径在 50～100 mm 时，可按照下式确定：

$$T = [1.5 + 0.01 \times (d - 50)] \times d \qquad (12-1)$$

式中：T 为加热所需时间，min；d 为坯料的直径，mm。

坯料的加热方式主要有电阻加热、感应加热及火焰加热。目前镁合金加热应用较多的是电阻加热，加热炉的允许温度波动范围为 ±5 ℃，同时要有良好的密封性。加热之前应准确校正温控系统，并将镁合金表面的毛刺、油污及水汽清理干净，考虑

---

[1]　西北工业大学有色金属锻造编写组.有色金属锻造.北京：国防工业出版社，1979.

到镁合金遇空气易氧化,长时间加热容易燃烧的特点,一般采用带有真空功能或气氛保护功能的电阻加热炉进行加热。

加热过程中一旦发现镁合金燃烧,应立即切断电源,停止保护气体供应,采用埋砂覆盖或镁合金专用灭火器进行灭火,严禁使用水进行灭火。

(3) XJ-550轻合金卧式挤压机构造及用途介绍

该卧式挤压机由四条优质结构钢张力主柱将横梁与主油缸等连接坚固,中间装有柱塞、托架、挤压杆、凹模架、剪切机构等大构件,其构造图见图12-1。

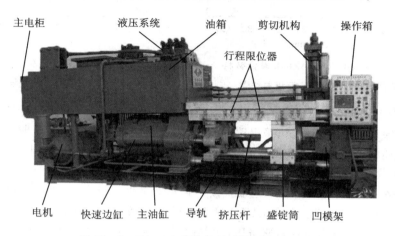

图 12-1　XJ-550轻合金卧式挤压机构造

其主要技术参数见表12-1。

表 12-1　XJ-550轻合金卧式挤压机的主要技术参数

设备型号	额定挤压力	主机中心高度	挤压筒尺寸	主电机功率	主机外形尺寸
XJ-550	5 500 kN	895 mm	$\phi 85 \times 400$ mm	55 kW	6.3 m×2.3 m×2.7 m

(4) 镁合金热挤压工艺参数

一般来说,合理的镁合金热挤压工艺不仅能改善镁合金显微组织、力学性能,而且对挤压型材的表面质量影响很大。镁合金热挤压的工艺参数主要包括挤压温度、挤压比、挤压模角、挤压速度。

① 挤压温度:作为热挤压的重要工艺参数,挤压温度不仅影响镁合金挤压后的显微组织,还会影响挤压过程中材料的变形行为。一般来说,挤压温度越高,挤压力越小,见图12-2。

② 挤压比:作为另一个重要的挤压参数,挤压比是衡量变形程度的依据。挤压比越大,变形程度越大,挤压力也越大(见图12-3),对模具的要求也越高。

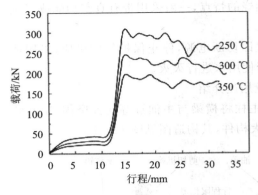

图 12 - 2　$Mg_2B_2O_5W/AZ63B$ 复合材料
在不同温度下的载荷-行程曲线[1]

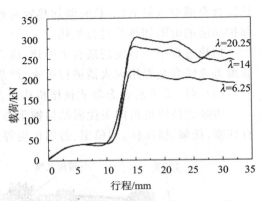

图 12 - 3　$Mg_2B_2O_5W/AZ63B$ 复合材料
在不同挤压比下的载荷-行程曲线[1]

③ 挤压模角:挤压模角的改变会影响金属在挤压过程中流动的均匀性及受力状态,从而导致挤压外观质量、挤出速度、挤压力及显微组织的不同。一般来说,挤压模角越大,坯料承受的剪切变形也越大,但由于坯料在平行于挤压方向上的变形不均匀及流速不同,导致挤压后材料组织的不均匀性可能增加。

④ 挤压速度:对于挤压工艺最直接的影响就是生产效率,挤压速度越高,生产效率就越高,反之则降低。例如,AZ31 镁合金的最大挤压速度可以达到 20 m/min,但并不是所有的坯料均适合高速挤压,随着铝元素的增加,所能承受的最大挤压速度下降,AZ81 镁合金的最大挤压速度仅为 2 m/min 左右[2],这主要取决于镁合金的塑性及对速度的敏感性。

3. 实验设备及材料

(1) 实验设备:轻合金单动卧式挤压机(XJ - 550)、真空电阻加热炉、挤压模具、金相显微镜。

(2) 实验材料:镁合金、金相砂纸、腐蚀剂、抛光膏(剂)、抛光布、酒精。

(3) 工具:烧杯、一次性橡胶手套、镊子。

4. 实验方法与步骤

(1) 挤压试验的操作流程

① 准备工作　按照操作规程,检查机械、液压及电气元件,并清理挤压机周围杂物。

[1] 李增苗.$Mg_2B_2O_5$/AZ63B 镁基复合材料塑性成形的试验研究与数值模拟.西宁:青海大学[硕士学位论文],2014,3.

[2] 王迎新.Mg - AL 合金晶粒细化、热变形行为及加工工艺的研究.上海:上海交通大学[博士学位论文],2006,4.

② 启动工作 检查结束后,打开电源开关,依次启动电动机。当两电动机启动后,液压机进入工作状态。

③ 安装凹模 启动凹模架动作按键,将其退出,并将组合好的凹模放入模架内,再将凹模架送入。

④ 锁紧 锁紧缸向前运动并拖带活动横梁及盛锭筒与模具扣合并锁紧,到位则限位开关释放信号,令锁紧缸停止运动。

⑤ 装锭 供锭器带动锭料上抬,保持锭料轴线与盛锭筒轴线重合。主缸快速前行带动挤压杆将铸锭压入盛锭(料)筒,之后供锭器落下。

⑥ 挤压 此时,处于挤压杆顶压坯料穿过凹模孔的高压挤压工作阶段,需主缸和快速边缸共同施压完成挤压工作。

⑦ 快退 坯料挤压结束,主缸活塞迅速向左快退。

⑧ 剪切 剪切缸进行剪切工作,将挤压坯料与型材剪断后退出。

⑨ 关机 将操作箱上总电源关闭,并拉下主电柜电闸。

⑩ 清理 整理工具,清扫场地。

(2)镁合金金相取样方法

在距离挤压态棒材头部 50 mm 位置截取金相试样,分别沿挤压方向及垂直于挤压方向剖开,选剖面为观察面并进行镶嵌。取样及观察面如图 12-4 所示,其中 A 面为平行于挤压方向的观察面,B 面为垂直于挤压方向的观察面。

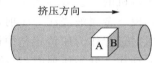

图 12-4 镁合金挤压棒材金相试样取样示意图

5. 实验报告要求

(1)实验报告必须字迹清楚,文字叙述要力求简练,图标、数据要准确。

(2)实验报告作为实验成绩考核标准之一,必须在实验结束后一周内由课代表收齐交实验指导教师。不符合实验报告要求的,实验指导教师有权退回,令其限期重做。

(3)实验报告重点内容:

① 镁合金的挤压工艺及要点;

② 做出不同温度下的载荷-行程曲线、不同挤压比下的载荷-行程曲线、不同挤压速度下的载荷-行程曲线;

③ 挤压工艺参数对镁合金挤压表面质量影响的分析;

④ 安全注意事项。

(4)写出实验后的心得体会与建议。

实验 13　铝合金压铸实验及显微组织观察

1. 实验目的

（1）熟悉铝合金的压铸工艺。

（2）熟悉 DM300 冷室卧式压铸机的构造及用途。

（3）掌握 DM300 冷室卧式压铸机压铸铝合金的流程。

（4）初步掌握 DM300 冷室卧式压铸机的操作方法及规范。

2. 实验原理

（1）DM300 卧式冷室精密压铸机工作原理介绍

DM300 卧式冷室压铸机（见图 13-1）的压射冲头、模具的开合均沿水平方向移动。压铸机的工艺流程如下：开机→压铸模具安装→压铸机调试→模具预热，喷涂料→合模→金属液浇注→压射，保压→冷却→开模，顶出铸件。

压射过程作为压铸工艺中最重要的阶段，主要包括以下三个阶段：第一阶段为慢速压射动作。开始压射时，系统液压油通过油路集成板进入压射通道，从而推动压射活塞向左运动，实现慢速压射。第二阶段为快速压射动作。当压射冲头超过浇料口后，储能器控制阀打开，液压油进入压射通道，液压油油量快速增大，实现快速压射。第三阶段为增压压射。金属液填充到模具型腔，当合金液开始凝固时，压射冲头阻力增大，这时蓄能器控制阀打开，推动增压活塞及活塞杆快速左移。当活塞杆和浮动活塞内外锥面接合时，形成封闭腔，获得增压效果。

（2）DM300 卧式冷室精密压铸机的构造及用途介绍

DM300 卧式冷室压铸机的构造图如图 13-1 所示，主要由柱架、机架、合模机构、压射机构、液压传动系统、电气控制系统、冷却系统、安全防护系统组成。合模机构由开合模液压缸、锁模柱架、顶出机构、调模机构组成，主要用于实现合开模动作、锁紧模具、顶出产品。压射机构主要由压射冲头、压射液压缸、快压射蓄能器组件、增压蓄能器组件组成，主要作用是按规定速度将金属液压填充入模具型腔，并保持一定的压力直至金属液凝固成压铸件为止。液压传动系统主要由主油箱、液压泵、油道管路、控制阀等组成，为压铸机的运行提供动力和能量，从而实现各种动作。电气控制系统由电箱、操作面板、电动机、控制系统及电路组成，用于控制压铸机按预定压力、速度、温度和时间，实现各种动作。冷却系统由冷却水管路及观察窗组成，用于对模具进行降温。安全防护系统由安全门、急停按钮组成，主要作用是确保生产时操作人员的安全。

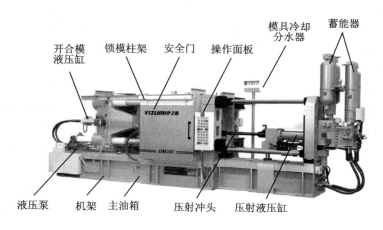

图 13 - 1 DM300 卧式冷室压铸机构造图

DM300 卧式冷室压铸机的主要技术参数如表 13 - 1 所列。

表 13 - 1 DM300 卧式冷室精密压铸机主要技术参数

技术参数	参数值	技术参数	参数值
锁模力/kN	3 000	顶出力/ kN	150
锁模行程/mm	460	顶出行程/mm	110
可容模具厚度/mm	250～700	系统工作压力/MPa	16
射料力/kN	320	压射头直径/mm	50、60、70
射料行程/mm	410	压射位置/mm	0、－125
外形尺寸(长×宽×高)	6 200 mm× 1 720 mm×2 750 mm	射料量/kg	1.5、2.1、2.9

（3）铝合金压铸工艺参数介绍

压铸工艺本身具有高温、高压、高速的特点,通过对压铸工艺参数的探索获得表观质量、力学性能及经济性俱佳的压铸产品十分重要。压铸工艺的主要参数包括压铸压力和压铸速度。

压射力和压射比压是表示压铸压力的两种主要形式。其中,

压射力＝液压系统的管路工作压力×压射缸活塞的横截面面积

而压射力的大小又因压铸机的规格不同而异。压射比压是压室内金属液单位面积上所受的压力,与压射力成正比,与压射冲头的横截面面积成反比。实际压铸时的压射比压并不是一个常数,而是随压射行程的变化而改变,被分为四个阶段,即慢速封口阶段、填充阶段、增压阶段、保压阶段。对应于以上四个阶段,金属液分别经历流经浇注口、填充进模具型腔、停止流动、最终压力下凝固成形四个状态。

在压铸工艺中,压铸速度通常用两种速度来衡量,即压射速度和填充速度。压射

速度是指压射冲头运行的速度;填充速度是指在压力作用下,金属液进入模具的线速度。而速度是与压铸压力相关的,比如压射比压越大,填充速度越高;此外,压铸速度还受材料特性影响。因此,在选择适当压铸压力的同时,还须正确选择速度,否则无法获得合格的压铸件。

(4) 压铸铝合金种类介绍

铝合金具有密度低、高比强度、比刚度、塑性变形能力好、热处理性能好等特性,具有很好的耐腐蚀性。一般铸造工艺制备的铝合金因体积收缩率较大而容易形成缩孔,而压铸工艺可以有效地避免上述问题。常用的压铸铝合金以 Al - Si 合金为主,压铸铝合金的成分见表 13 - 2[1]。

表 13 - 2　压铸铝合金成分[1]

合金牌号	合金代号	化学成分的质量分数/%											
		主要成分					杂质含量≤							
		Si	Cu	Mg	Mn	Al	Fe	Cu	Mg	Zn	Mn	Sn	Pb	总和
YZAlSi12	YL102	10.0~13.0	—	—	—	其余	1.2	0.6	0.05	0.3	0.6	—	—	2.3
YZAlSi10Mg	YL104	8.0~10.5	—	0.17~0.30	0.2~0.5	其余	1.0	0.3	—	0.3	—	0.01	0.05	1.5
YZAlSi2Cu2	YL108	11.0~13.0	1.0~2.0	0.4~1.0	0.3~0.9	其余	1.0	—	—	1.0	—	0.01	0.05	2.0
YZAlSi9Cu4	YL112	7.5~9.5	3.0~4.0	—	—	其余	1.2	—	0.3	1.2	0.5	0.1	0.1	1.0
YZAlSi11Cu3	YL113	9.6~12.0	4.0~5.0	0.45~0.65	—	其余	1.2	—	0.3	1.0	0.5	0.1	0.1	
YZAlSiCu5Mg	YL117	16.0~18.0	4.0~5.0	0.45~0.65	—	其余	1.2	—	0.3	1.2	0.5	—	—	
YZAlMg5Si	YL303	0.8~1.3	—	4.5~5.5	0.1~0.4	其余	1.2	0.1	—	0.2	—	—		1.4

3. 实验设备及材料

(1) 实验设备:DM300 冷室卧式压铸机、压铸给汤机、压铸模具、金相抛光机、金相显微镜。

(2) 实验材料:Al - Si 铝合金、金相砂纸、腐蚀剂、抛光膏(剂)、抛光布、酒精。

4. 实验方法和步骤

(1) 利用 DM300 冷室卧式精密压铸机进行铝合金压铸操作讲解与示范

由指导老师进行铝合金压铸操作讲解与示范。铝合金的加热熔化在井式电阻炉中进行,由于铝合金液体对于钢制坩埚具有一定的腐蚀性,而压铸铝合金对于铁杂质的含量很敏感,因此,铝合金的熔化在氧化铝坩埚内进行,然后利用五连杆自动给汤机进行喂料、压铸及取料。DM300 冷室卧式精密压铸机的具体操作规程如下:

① 开机前的工作　检查安全门是否灵活,工作是否正常;检查急停按钮是否正常工作,油压系统、安全压力、各种功能参数的设定是否符合工作要求;检查蓄能器链接紧固件是否松动;检查导轨是否清洁。

② 开机　打开主电箱,将所有开关打开,使急停开关复位,电源指示灯亮起。

---

[1]　赖华清.压铸工艺及模具.北京:机械工业出版社,2010,4.

③ 启动液压油泵　先是降压启动,约 5 s 后油泵启动指示灯亮。

④ 安装模具　安装模具前,先测量模具的浇口尺寸,选择匹配的压射室,并在头板上安装垫套,清理头板法兰孔,开模到开模终止位置,关泵停机,使用悬臂吊安装压铸模具,将安全门关闭到位,顶针、压射冲头退回到位;设定锁模运动压力,按住锁模按钮进行锁模,使定模和动模相合,安装模具冷却水管检查是否漏水。

⑤ 调模运动　设置限位开关分别控制模薄、模厚两个极限位置;将调模开关打开,操作箱上设定调模薄/厚压力值,按住调模薄/厚按钮,使机器朝模薄/厚方向运动,调模完成,关闭调模开关。

⑥ 模具预热,喷涂　将压铸模具进行预热,预热温度范围在 240～290 ℃,喷涂脱模剂,喷涂时采取点喷,喷涂角度与模面垂直,保证涂层厚度的均匀性。

⑦ 金属液浇注　合模,锁模后,用自动给汤机或手动操作向压铸机浇注金属液。浇注过程中,注意防溅射烫伤。

⑧ 压射,保压　关闭安全门到位后,设定压射压力和流量值,压射冲头按预定速度和压力压射金属液进入模腔,完成增压、保压。

⑨ 冷却,取件　待金属液冷却凝固后,打开模具,压铸件、浇口和余料饼留在动模上,通过顶出机构顶出压铸件,取件完成压铸过程。

（2）操作 DM300 冷室卧式压铸机进行铝合金的压铸

由于铝合金的压铸试验具有一定的危险性,因此,不建议由学生直接操作,而是由专职的实验老师进行操作。

（3）铝合金金相显微组织观察

完成压铸铝合金的制备后,利用金相显微技术观察压铸铝合金的显微组织。一般压铸铝合金的腐蚀剂选用 0.5%HF 水溶液。

5. 实验报告要求

（1）实验报告必须字迹清楚,文字叙述要力求简练,图标、数据要准确。

（2）实验报告作为平时考核成绩之一,必须在实验结束后一周内由课代表收齐交实验指导教师。不符合实验报告要求的,实验指导教师有权退回,令其限期重做。

（3）实验报告重点内容:

① 铝合金的压铸工艺及要点;

② 压铸工艺参数对铝合金压铸质量影响的记录与分析;

③ 压铸工艺参数对铝合金显微组织的影响规律;

④ 安全注意事项。

（4）写出实验后的心得体会与建议。

实验 14　板带轧制过程组织性能控制

1. 实验目的

（1）了解板带热轧过程组织演变的基本原理。

（2）分析工艺参数对热轧带钢组织演变的影响规律。

2. 实验原理

（1）控制轧制与控制冷却基本原理

轧材质量控制目标有两个：一是改善组织性能，二是控制几何形状尺寸。而热轧过程组织性能控制的关键在于变形过程中控制变形条件，如变形量的大小、变形温度、变形速度、变形区几何学等，从而可以控制产品的组织结构、应力分布、细化晶粒等，提高产品的强度、韧性及其他物理性能和化学性能。因而需加强变形过程中形变与相变、形变与温度的耦合的有利作用，充分发挥固溶强化、位错强化、细晶强化、沉淀强化和聚合型相变强化等作用，实现组织纯净化、精细化和均匀化控制，从而获得良好的强韧性匹配。

控制轧制和控制冷却（即 Controlled Rolling and Controlled Cooling）是目前广泛应用的有效实现材料细晶强韧化新技术。在 C-Mn 的化学成分上结合微量合金元素 Nb、V、Ti 的有利作用，在轧制过程中，通过控制加热温度、开轧温度、变形量、变形速率、终轧温度和轧后冷却等工艺参数，把钢的形变再结晶和相变效果联系起来，以细化晶粒为主，并通过沉淀强化、位错亚结构强化，充分挖掘钢材强韧性的潜能，使热轧状态钢材具有优异的低温韧性和强度配合。

依据变形温度和变形后钢中再结晶过程的特征，可以将轧制温度区间分成具有不同特点的单独阶段：奥氏体再结晶区轧制（Ⅰ型控轧）、奥氏体未再结晶区轧制（Ⅱ型控轧）和（γ+α）两相区轧制。

① 奥氏体再结晶区轧制：再结晶区轧制，通过再结晶使得奥氏体晶粒细化，进而细化了 α 晶粒。此阶段奥氏体的进一步细化较为困难，它是控制轧制的准备阶段。

② 奥氏体未再结晶区轧制：钢铁材料在奥氏体未再结晶区域轧制时不发生再结晶现象。塑性变形使奥氏体晶粒拉长，在晶粒内形成变形带。变形奥氏体晶界是奥氏体向铁素体转变时铁素体优先形核的部位。随着变形量的加大，奥氏体晶粒被拉长，将阻碍铁素体晶粒的长大，同时变形带的数量也增加，而且在晶粒向分布得更加均匀。这些变形带也提供了相变时的形核位置。因而，相变后的铁素体晶粒也更加均匀细小。

③（γ+α）两相区轧制：在这一温度范围的变形使奥氏体晶粒继续拉长，在其晶粒内部形成新的滑移带，并在这些部位形成新的铁素体晶核而先析出铁素体。经变形后，铁素体晶粒内部形成大量位错，并且这些位错在高温形成亚结构，亚结构使强度提高，脆性转变，温度降低。

在实际的控制轧制中，一般采用上述几种方式的组合，即在奥氏体变形高温阶段，通过奥氏体再结晶区轧制，得到等轴细小的奥氏体再结晶晶粒；在奥氏体未再结晶区轧制得到"薄饼形"未再结晶的晶粒，晶粒内部出现高密度的形变孪晶和形变带，从而有效增大晶界面积。控制轧制的三种类型如图 14-1 所示。

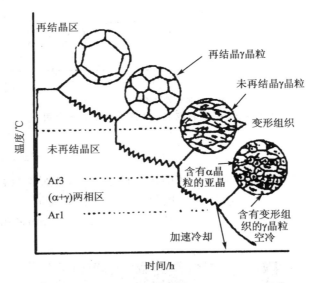

图 14-1　三种不同控制轧制方式组织演变示意图

通过控制冷却能够在不降低韧性的前提下进一步提高钢的强度。控制冷却是通过控制热轧钢材轧后冷却条件来控制奥氏体组织状态、相变条件、碳化物析出行为、相变后钢的组织和性能的。通过冷却速度和冷却路径的变化，可以获得具有不同性能的显微组织。

（2）热轧双相钢组织性能控制原理

双相钢具有良好的强度与塑性的匹配，低的屈强比和高的加工硬化率，是目前广泛应用于汽车制造的先进高强钢之一。其良好的力学性能与成形性能是由其独特的铁素体和马氏体双相组织决定的。

热轧双相钢的两相组织中铁素体与马氏体相变分别发生在不同温度区间，采用低温卷取工艺生产热轧铁素体马氏体双相钢，关键在于控制两段水冷间隔空冷过程的铁素体转变和第二段水冷后低温卷取的马氏体转变。在轧制工艺确定的条件下，两段水冷间隔空冷的开始温度和空冷时间影响铁素体转变体积分数、形态和晶粒尺寸，从而也影响了残余亚稳奥氏体的体积分数和分布；第二段水冷快速冷却速度保证亚稳奥氏体不发生珠光体和贝氏体转变；卷取温度影响亚稳奥氏体的转变，进而也影响马氏体的自回火过程和铁素体的过时效过程。低温卷取铁素体马氏体双相钢相变示意图如图14-2所示。

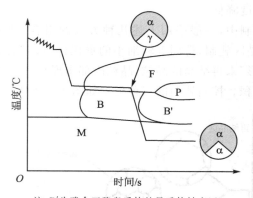

注：B′为残余亚稳奥氏体的贝氏体转变区

图 14-2　低温卷取 F+M 双相钢相变示意图

3. 实验设备及材料

热轧板带组织性能控制实验在多功能热轧机上完成，其实验装置如图14-3所示，包括高温加热炉、二辊热轧机、轧后控制冷却系统和退火炉。实验材料采用 C-Si-Mn-Cr 低合金钢坯料，长×宽×高尺寸为 100 mm×80 mm×40 mm，化学成分如表14-1所列。

图 14-3　二辊实验热轧机

表 14-1　热轧双相钢化学成分 wt%

元素	C	Si	Mn	Cr	P	S
含量	0.07	0.6	1.5	0.6	0.009	0.007

4. 实验方法和步骤

热轧双相钢组织性能控制实验工艺方案如图 14-4 所示。

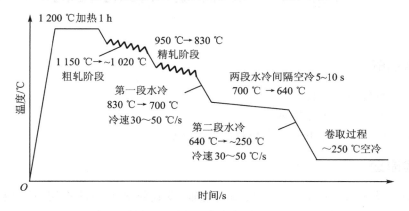

图 14-4 低温卷取热轧双相钢控轧控冷工艺示意图

（1）坯料放入 1 200 ℃ 加热炉中加热保温 1 h,使实验钢完全奥氏体化。

（2）坯料人工出炉,去除氧化铁皮后,由二辊热轧机入口侧送入轧机进行轧制,粗轧 4 道次,压下量分别为 27.5％、31.0％、30.0％和 28.6％,中间坯厚度 10 mm,精轧 3 道次,累积变形量 65％,成品厚度 4.0 mm。

（3）轧后快速进入控制冷却区域进行分段冷却,其中第一段水冷冷速要求 30～50 ℃/s,水冷终止温度 700 ℃,空冷 5～10 s,以促进先共析铁素体转变;而后进入第二段水冷,水冷冷速要求 30～50 ℃/s,终冷温度 250 ℃,空冷模拟低温卷取。

（4）控制不同终轧温度、第一段水冷终止温度和空冷时间,分别在热轧板上取样分析力学性能和观察显微组织,进行实验结果分析,完成实验报告。

5. 实验报告要求

（1）根据力学拉伸实验结果,绘制热轧双相钢应力-应变曲线。

（2）观察热轧双相钢显微组织,分析组织与性能关系。

（3）分析终轧温度、第一段水冷出口温度和空冷时间对于热轧双相钢组织和性能的影响。

实验 15　铝合金板材的轧制

1. 实验目的

（1）了解轧机的结构。

（2）了解轧机的工作原理。

（3）了解不同温度下铝合金板材的轧制步骤。

2. 实验原理

轧制是将金属坯料通过两个转动的轧辊，受连续轧制力的作用，使材料截面减小，长度增加的压力加工方法，其产品称为轧材。轧制具有生产效率高，金属消耗少，加工容易，生产成本低等优点，因此适合大批量生产。通过轧制工艺可以生产板材、型材和棒材，但板材应用最广泛。轧制能够细化晶粒和消除微观组织缺陷，提高材料的致密度并最终提高强度，特别是沿轧制方向上提高强度；还可同时提高塑性和韧性，具有较高的综合力学性能。同时，轧制技术也是一种非常重要的材料加工手段。除此之外，在温度和压力下，气泡、裂纹和空洞能够被缝合。

在室温下，铝合金板材硬度较大，不容易变形，所需轧制力较大，因此不容易轧制；随着温度的升高，铝合金硬度降低，轧制时变形抗力较小，容易轧制。因此，本实验中选择不同的温度进行轧制。

轧制后的铝合金板材由于存在应力，轧制完成之后，须进行去应力退火。

3. 实验设备

实验使用轧机为北京科技大学研发的 BKD - 130 双辊同步实验轧机，其主要参数如表 15 - 1 所列。

表 15 - 1　轧机主要参数

轧辊数/个	辊径/mm	辊身长/mm
2	150	260

4. 实验方法和步骤

（1）表面处理：利用机械抛光法去除铝合金板表面的尘埃、氧化皮等杂物。

（2）打开轧机开关，打开循环水，调整好轧辊转速，轧制压下量等轧制参数。

（3）轧前加热：在轧制之前首先在加热炉内对铝合金板材进行轧前的预热处

理 15 min。

    （4）将加热后的铝合金板材送入两辊轧机。

    （5）轧制完成后，切断电源，关闭循环水。

    （6）轧后热处理：在轧制后对铝合金板进行去应力退火。

5. 实验报告要求

    （1）指出轧机的各部分组成。

    （2）对比轧制前后铝合金板材的尺寸变化，并附图。

实验 16 埋弧焊实验

1. 实验目的

（1）要求了解埋弧焊的基本原理、操作过程、焊接工艺参数的设定。

（2）观察焊接规范参数（电弧电压、电弧电流、焊接速度）对焊缝熔深及熔宽的影响。

2. 实验原理

（1）埋弧焊的焊接过程

颗粒状焊剂由送焊剂导管流出后，均匀地堆敷在装配好的工件上，送丝机构驱动焊丝连续送进，使焊丝端部插入覆盖在焊接区或焊接头的焊剂中，在焊丝与焊件之间引燃电弧。电弧热使焊件、焊丝和焊剂熔化，以致部分蒸发，金属和焊剂的蒸发气体形成了一个气泡，电弧就在这个气泡内燃烧。同时，熔化的焊剂浮到焊缝表面上形成一层保护熔渣。熔渣层不仅能很好地将空气与电弧和熔池隔离，而且能屏蔽有害的弧光辐射。随着电弧的移动，熔池结晶为焊缝，熔渣凝固为渣壳，未熔化的焊剂可回收再用。

（2）埋弧焊对外电源的要求

埋弧焊既可使用交流电流，也可使用直流电流，而且为大电流，一般为 600～2 000 A，且须用具有下降外特性的电源。

3. 实验设备及材料

（1）ZD5 - 1000 多功能弧焊整流器　1 台

（2）KZ - 1 型自动焊控制箱　　　　1 台

（3）试件　　　　　　　　　　　　若干

（4）埋弧焊丝（H08A，ϕ3.2）　　1 盘

（5）焊剂（HJ431）　　　　　　　　若干

（6）砂纸、铁刷　　　　　　　　　1 把

4. 实验方法和步骤

（1）清除工作台上的残留溶剂及残渣。

（2）贴着工作台放置钢板焊件。

（3）确定电压值及焊接速度。

（4）确定焊丝伸出长度（干伸长），一般为焊丝直径的 10～15 倍。

（5）调节埋弧焊的导电嘴与工件距离，其距离在接触与非接触之间。

（6）用铲子将焊剂均匀地堆敷在焊件上。

（7）将控制板上的按钮调节到焊接处，焊接开始，此时，调节所需电压与电流。

（8）当焊接即将结束时，按"关闭"按钮，并将"焊接"按钮调到自动按钮，待离开焊件以后再调至空挡。

（9）用刷子扫去焊件表面的焊剂，用改锥使其脱离工作台，用钳子将其取下。

（10）敲除焊接处的表面熔渣，然后测量焊缝尺寸，进行缺陷分析。

5. 实验报告要求

（1）选择几组成形较好的焊件并将焊接数据记录在实验报告中。

（2）评定焊缝表面质量，是否有气孔、夹渣、咬边等。

（3）记录所选焊件的余高和熔宽。

实验 17   氩弧焊实验

1. 实验目的

（1）详细了解 TIG 焊设备的组成及其操作过程。

（2）了解铝合金焊接时电弧的阴极雾化作用。

（3）了解工艺参数对焊缝成形的影响。

（4）初步掌握钨极氩弧焊施焊的基本技能。

2. 实验原理

TIG 焊是在惰性气体的保护下,利用钨极与工件之间产生的焊接电弧熔化母材及焊丝的一种焊接方法。焊接时,惰性气体从焊枪的喷嘴中喷出,把电弧周围一定范围的空气排出焊接区,从而为形成优质焊接接头提供了保障,见图 17-1。焊接时,保护气体可采用氩气、氦气或氩＋氦混合气体,特殊场合也采用氩气＋氢气或氦气＋氢气混合气体。焊丝根据焊件设计要求,可以填充或不填充。如果填充焊丝,一般从电弧的前端加入或者直接预置在接头的间隙中。

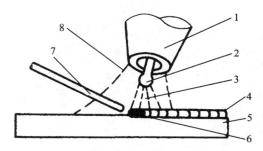

1—喷嘴；2—钨极；3—电弧；4—焊缝；5—焊件；6—熔池；7—填充焊丝；8—氩气

图 17-1   钨极惰性气体保护焊示意图

TIG 焊电弧燃烧过程中,由于电极不熔化,易维持恒定的电弧长度,焊接过程稳定;氩气、氦气的热导率小,又不与液态金属反应或溶解在液态金属中,故不会造成焊缝中合金元素的烧损;同时,填充焊丝不通过电弧区,不会引起很大的飞溅。所以,整个焊接过程十分稳定,易获得良好的焊接接头质量。

TIG 焊有直流、交流、脉冲等不同焊接方法,直流钨极氩弧焊没有极性变化,但电极接正还是接负,对电弧的性质及对母材的熔化有很大影响。

手工钨极氩弧焊主要工艺参数有焊接电流种类、极性、电流大小、钨棒直径与端部形状、保护气体流量等。

3. 实验设备及材料

（1）钨极氩弧焊机（WSE－200 逆变交直流氩弧焊机）；

（2）氩气；

（3）减压表；

（4）电焊面罩；

（5）砂纸；

（6）铝板；

（7）不锈钢板。

4. 实验方法和步骤

（1）了解焊机及焊枪结构，熟悉工艺参数调节方法。

（2）在铝板上堆焊，观察采用不同类型电流时的焊接特点。

（3）在不锈钢板上堆焊，调节工艺参数，观察工艺参数对焊缝成形的影响。

5. 实验报告要求

（1）根据实验要求，选择合理的焊接工艺参数，并填写焊接实验工艺卡。

（2）根据焊接实验结果评定焊缝表面质量。

实验 18　KUKA 机器人焊接实验

1．实验目的

（1）掌握焊接机器人的操作。

（2）维护设备正确的使用寿命。

2．实验原理

见库卡机器人焊接说明书。

3．实验设备及材料

（1）库卡焊接机器人；

（2）焊接件。

4．实验方法和步骤

（1）正确开机顺序：

开机器人控制柜→开焊机电源→开水箱电源和除尘设备电源。

（2）开机完成，机器人启动至自动模式，点击程序 cell，点击确定。

（3）开机初始化。

（4）开启焊机，需要先逆时针旋转开关，再顺时针旋转开关，直至垂直状态，左下方指示灯点亮。

（5）检查水气单元是否正常。

（6）采用机器人的手控操作盘进行操作。

手控操作盘按键说明：

① 用于拨下 smartPAD 的按键；

② 用于调出连接管理器的钥匙开关，只有当钥匙插入时，方可转动开关；

③ 紧急停止键，用于在危险情况下关停机器人；

④ 3D 鼠标，用于手动机器人；

⑤ 移动键，用于手动机器人；

⑥ 用于设定程序倍率的按键；

⑦ 用于设定手动倍率的按键；

⑧ 主菜单按键，用来在 smartHMI 上将菜单项显示出来；

⑨ 工艺键，主要用于设定工艺程序包中的参数；

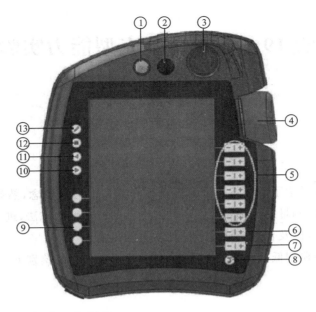

⑩ 启动键,可以启动一个程序;

⑪ 逆向启动键,通过启动键可逆向启动一个程序;

⑫ 停止键,可暂停运行中的程序;

⑬ 键盘按键。

（7）选择或编辑程序,并启动程序进行焊接,到达目标位置后自动停止。创建程序模块,在编程模块可以创建程序模块。

（8）焊接程序的备份和还原。

（9）正确关机顺序:

关机器人控制柜→关焊机电源→关水箱电源和除尘设备电源。

（10）停机后,清理各部位灰尘、油污、杂物等。

5. 实验报告要求

（1）根据焊接实验报告的填写,要求说明 KUKA 机器人的系统组成。

（2）阐明焊接机器人的工作流程。

（3）评定焊缝表面质量。

实验 19　液态合金充型能力实验及典型铸件缺陷分析

1. 实验目的

通过实验使学生了解液态合金的流动性和充型能力的概念,熟悉液态金属合金的测温方法,掌握测量二元铝合金在不同温度下的流动性的方法,进一步分析影响合金流动性的因素,以及合金流动性对铸件质量的影响。

认识铸件的典型低倍及微观缺陷,了解非金属夹杂物的鉴别方法及特征。

2. 实验原理

流动性是指液态合金本身充填铸型的能力。流动性测试是将液态合金浇入专门设计的流动性试样型腔中,以其停止流动时获得的长度作为流动性指标;也可以用试样尖端或细薄部分被充填的程度作为流动性指标。后者旨在研究液态合金充填型腔细薄部分及棱角的能力。

测试铸造合金流动性的方法很多,按试样的形状可分为:螺旋试样、水平直棒试样、楔形试样和球形试样。前两种是等截面试样,以合金液的流动长度表示其流动性;后两种是等体积试样,以合金未充满的长度或面积表示其流动性。

结合本实验室的具体情况,本次试验采用螺旋形试样方法,用测量浇铸的试样长度来衡量流动性。

螺旋形试样模型结构见图 19-1。

为控制铸件质量,需按国家标准进行低倍组织检验。常见的低倍缺陷可分为:

(1) 孔、眼类:气孔、缩孔、疏松、渣眼、砂眼等。

(2) 裂纹类:热裂纹、冷裂纹等。

(3) 表面缺陷类:粘砂、结疤、夹砂、冷隔等。

(4) 铸件形状、尺寸、重量不合格:多肉、浇不足、抬箱、错箱、错芯、变形、损伤、尺寸超差、重量超差等。

(5) 铸件成分、组织、性能不合格:化学成分不合格、偏析、过硬、白口等。

下面是各类常见的低倍缺陷中的典型缺陷:

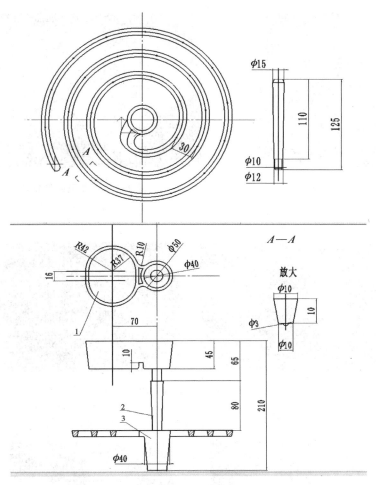

1—外浇道模样;2—直浇道模样;3—同心三螺旋模样

图 19 - 1　单螺旋流动性试样形状及尺寸

① 气孔　凝固时由液体金属释放的气体,在金属已完全凝固时很难逸出金属液之外,伴随着金属的凝固而包容在处于塑性状态的金属中形成气孔,如图 19 - 2 所示。

② 裂纹　热裂纹的宏观组织特征为裂纹曲折、分叉或呈网状、圆弧状;断口上裂纹处多呈黄褐色,有氧化现象,裂纹凸凹不平,如图 19 - 3 所示。冷裂纹呈平直的裂纹,断口上裂纹为亮晶色,断口没有氧化,如图 19 - 4 所示。

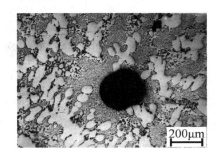

图 19 - 2　气孔显微组织

 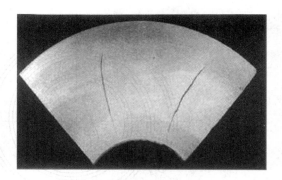

图 19-3 热裂纹低倍组织   图 19-4 冷裂纹低倍组织

③ 粘砂,如图 19-5 所示。

图 19-5 粘砂缺陷

④ 错箱,如图 19-6 所示。

图 19-6 错箱缺陷

⑤ 疏松 凝固过程中枝晶间隙因得不到液体补充时,会形成显微缩孔,如图 19-7 所示。疏松集中于铸锭轴心部称为中心疏松。

⑥ 白口 铬镍和铬镍钼合金钢中常见的一种缺陷,如图 19-8 所示,因其在纵断面上呈圆形或椭圆形银亮色的斑点,又称为白点。

⑦ 枝晶偏析 凝固后存在晶粒范围内的成分不均匀现象,如图 19-9 所示,经

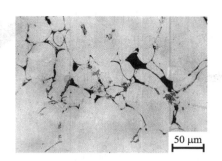

图 19 - 7　疏松显微组织

磨片浸蚀呈树枝状分布,这种偏析在铸件中尤其常见。消除办法是采用均匀化退火。

图 19 - 8　白点断口组织

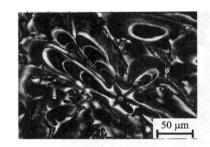

图 19 - 9　枝晶偏析显微组织

⑧ 非金属夹杂物　表 19 - 1 列出几种典型非金属夹杂物在明场、暗场和偏光三种照明方式下的特征。

表 19 - 1　几种典型非金属夹杂物

夹杂物类型	明　场	暗　场	偏振光
Al_2O_3	暗灰色到黑色,不规则外形的小颗粒成群分布,热加工后呈链状	透明,淡黄色	透明,弱各向异性
MnS	淡蓝色灰色,沿加工方向伸长,呈断续条状	弱透明,淡蓝灰色	透明,各向同性
TiN	亮黄色,规则几何形状,截面不同可呈四方形、三角形等	不透明,带亮边	不透明,各向同性

3. 实验设备及材料

(1) 实验材料:原砂(50/100 目)、粘土、水玻璃(硅酸钠水溶液)、纯铝 A00(纯度不低于 99%)、铝硅合金(2%Si、5%Si、11.6%Si)。有疏松缺陷的钢铸锭、有白点的 40CrNiMoA 圆钢;非金属夹杂物试样。

(2) 实验设备:金相显微镜,如图 19 - 10 所示。

① 金属熔炼炉(中频感应电炉),如图 19 - 11 所示,石墨坩埚 8 号(上口外径 137 mm,外形高度 169 mm);

② 单螺旋流动性试样的模样、型板和砂箱等;

③ 钢丝刷;

④ 卡尺;

⑤ 浸入式热电偶(镍铬—镍硅)一只、测温表(-20～1 300 ℃)一台;

⑥ 电阻加热炉一台,如图 19 - 12 所示。

图 19 - 10　金相显微镜

图 19 - 11　50 kg 熔炼炉

图 19 - 12　电阻加热炉

4. 实验方法和步骤

(1) 实验前查阅相关文献资料。

(2) 将原砂(50/100 目)加 1%黏土混合均匀后,再加水玻璃 10%混 5～7 min,每次混砂量为 5 kg 左右。

(3) 造芯:先造上芯并烘干,再造下芯,并将上、下芯合起来再次烘干,烘干温度一般为 152～200 ℃,烘干 4～6 h。

(4) 在熔炼炉内熔化某一指定成分的铝合金,当合金温度升至 730～750 ℃时用六氯乙烷精炼,然后立即清除氧化的熔渣,静置 1～2 min 即可浇铸。

(5) 浇注前采用热电偶和仪表测液体的温度,每次测一种成分的合金,三组试样的浇注过热温度分别为 60 ℃、100 ℃、140 ℃。合箱图见图 19 - 13。

(6) 浇注 30 min 打箱,用钢丝刷刷去试样表面的型砂。

(7) 用卡尺测量螺旋试样的长度。

(8) 记录各种参数并对实验结果进行分析。

(9) 实验前查阅相关文献资料,认识几种典型的低倍缺陷组织。

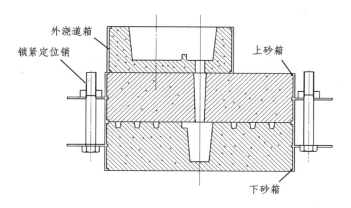

外浇道箱

锁紧定位销

上砂箱

下砂箱

图 19 - 13　简易法测试合金流动性的铸型合箱图

（10）打开显微镜和电脑电源,打开电脑中软件,调整光源亮度,选择低倍物镜。

（11）观察疏松缺陷组织。选取钢的铸锭上部冒口附近,截取金相试样,经磨抛光后,用硝酸酒精溶液腐蚀,放到显微镜下观察。

（12）在 40CrNiMoA 圆钢上用冷锯割切取横截面试样,厚度为 20 mm,在其上开一深度约为 1/3 试样厚度的槽,沿该槽将试样折断。观察纵断面,呈现出圆形或椭圆形的银白色斑点,再将其放到显微镜下观察,可见该斑点区域内的晶粒尺寸比基体晶粒尺寸粗大。

（13）鉴别几种常见的非金属夹杂物的形态。

（14）撰写实验报告。

5.　实验报告要求

（1）具体的实验内容(名称);

（2）实验的目的和意义;

（3）实验材料、仪器设备与实验方法;

（4）实验结果,画出所观察的非金属夹杂物的形态与分布;

（5）实验结果分析与讨论;

（6）结论。

第三篇
无损检测实验

材料成型及控制工程专业实验实训教程

实验 20 超声检测实验

1. 实验目的

因为超声波频率较高,波长较短,声束指向性较好,可使超声能量向一个确定的方向集中辐射,所以利用超声波既可在被检工件内部发现缺陷,又便于定位缺陷。

2. 实验原理

超声波在弹性介质中传播,当遇到异质界面时会产生反射、透射或折射,这些现象主要由入射角度和不同介质的声学特性决定。例如超声脉冲反射法的基本原理就是利用超声波在缺陷与材料间异质界面的反射来发现缺陷的;超声波在弹性介质中传播时,质点振动位移小、振速高,强度与频率的平方成正比,因此,其声压和声强远大于声波,使得超声检测具有很强的穿透能力。在大多数介质中传输能量损失小,传播距离大,在一些金属材料中的检测范围可达数米。超声波倾斜入射在两个声速不同的异质界面上容易实现波型转换。纵波、横波、板波、表面波都可以通过压电晶片产生的纵波在异质界面间实现不同波型的转换。横波探伤、表面波探伤就是利用这一波型转换特性的示例。另外,还有反射和折射横波等。因此,波型转换的条件是倾斜入射。但是在钢/水界面,横波无波型转换。

(1)检测原理

当超声波遇到界面时,就会有反射回波,如图 20-1 所示。通过测量回波的特性,就可以用来探伤、测距和测物。某些物质在受到外力作用时,不仅几何尺寸会发生变化,而且内部会被极化,表面产生电荷;当外力去掉时,又重新回到原来的状态,这种现象称为正压电效应。若在电介质的极化方向上施加交变电压,则它会产生机械变形;当去掉外加电场时,电介质的变形就随之消失,这种现象称为逆压电效应(电致伸缩效应)。压电法方法简单,消耗功率小,可产生很高的超声波,且检测仪器结构灵巧(见图 20-2),因此,多用压电法产生超声波。

超声波的形式又称波形。根据超声波波阵面形状来区分,可分为平面波、球面波和柱面波三种,如图 20-3 所示。

① 平面波 波阵面为平面的波,如在一个无限大平面,且各向同性的弹性介质中传播的波是平面波。另外,从无穷远处,点状声源传来的波,也看成平面波。

② 球面波 波阵面为球面的波,从波源点向四面八方传播,且各向同性的弹性介质中传播的波是球面波。

③ 柱面波 波阵面为同轴圆柱面的波,当波源以无限长的直柱形向四周传播,

且各向同性的弹性介质中传播的波是柱面波。

图 20 - 1 超声波检测原理   图 20 - 2 超声波检测仪

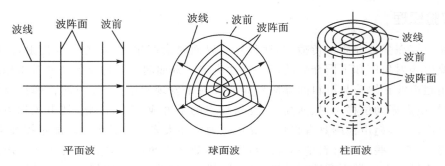

图 20 - 3 超声波产生的不同波形

当超声波垂直入射到足够大的光滑平界面时,将在第一介质中产生一个与入射波方向相反的反射波,在第二介质中产生一个与入射波方向相同的透射波。声波在界面上不发生折射和波形转换。当超声波从第一介质倾斜入射到第二介质界面时,如果两种介质中的声速不同,则声波在界面上会发生反射、折射和波形转换。图 20 - 4 所示为纵波 L 与横波 S 倾斜入射的情况。

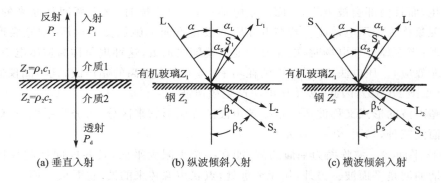

图 20 - 4 超声波纵波与横波的传播特性

超声波在液体、固体中衰减很小,穿透能力强,特别是在不透光的固体中能穿透几十米;当超声波从一种介质入射到另一种介质时,在界面上会产生反射、折射和波形转换。超声波为直线传播方式,频率越高绕射越弱,但反射越强,利用这种性质可以制成超声波测距传感器。超声波在空气中传播速度较慢,为 340 m/s,这一特点使得超声波应用变得非常简单,可以通过波的传播时间,测量距离、厚度等,其传播特性满足反射定律和折射定律。

纵波 L 倾斜入射:

$$\frac{c_L}{\sin\alpha} = \frac{c_{L1}}{\sin\alpha_L} = \frac{c_{S1}}{\sin\alpha_S} = \frac{c_{L2}}{\sin\beta_L} = \frac{c_{S2}}{\sin\beta_S}$$

横波 S 倾斜入射:

$$\frac{c_S}{\sin\alpha} = \frac{c_{S1}}{\sin\alpha_S} = \frac{c_{L1}}{\sin\alpha_L} = \frac{c_{S2}}{\sin\beta_S} = \frac{c_{L2}}{\sin\beta_L}$$

(2)超声场的特征量

① 声束轴线上的声压　当点状声源在液体介质中传播时,理想条件下,声场中任一点的声压为

$$p = \frac{p_0\,ds}{r}\sin(\omega t - kr)$$

当波源晶片直径 D 大于波长 λ 时,辐射器可以看作无数个尺寸很小的子波源组成的平面波源,这样就可以利用叠加原理分析声场中任一点的声压。图 20-5 所示为圆盘源轴线上的声压推导作用图。

$$p = \left\{2p_0\sin\left[\frac{\pi}{\lambda}\left(\sqrt{R_s^2 + a^2} - a\right)\right]\right\}\sin(\omega t - ka)$$

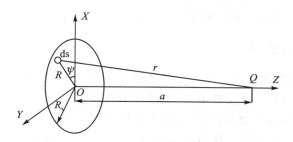

图 20-5　圆盘源轴线上的声压推导作用图

由声压公式可知:p 与 a 成正比,当 a 足够大时($a > 3R_s^2/\lambda$),圆盘声源声束中心轴线上的声压随距离 a 的增加而衰减,且符合球面波的衰减规律。图 20-6 所示为圆盘源轴线上的声压曲线图。

② 近场长度　声束轴线上最后一个声压极大值点到声源的距离,用 N 表示。N 由声源尺寸和声波波长决定。距离小于 N 的范围称为近距离声场。近场内,声压波动,将影响近场内缺陷检测的稳定性。距离大于 N 的范围称为远距离声场。当距离大于 3N 后,圆盘源轴线上的声压已接近球面波的声压。图 20-7 所示为超声波探伤近/远距离声场示意图。

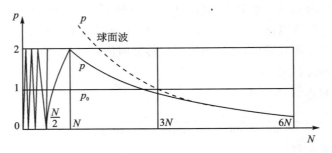

图 20-6　圆盘源轴线上的声压曲线图

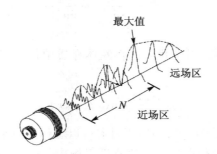

图 20-7　超声波探伤近/远距离声场示意图

③ 指向性　是超声波声束集中向一个方向辐射的性质,称为声场的指向性。声场中距离小于 $1.64N$ 的区域称为未扩散区。在该区域声波以平面波形式传播。声场中距离超过未扩散区的范围称为扩散区。

3. 实验仪器及其结构

超声波换能器俗称探头。它可发射和接收超声波。发射原理:利用压电材料的逆压电效应,即将晶体置于交流电场中,晶体本身产生机械变形,这样就产生了超声波。接收原理:探头在接收超声波时,超声波作用到晶片上,晶片发生变形,并因压电效应在电极表面产生电荷。常用频率范围为 $0.5 \sim 10$ MHz,常见晶片直径为 $5 \sim 30$ mm。探头因其结构和使用的波形不同,可分为直探头、斜探头、表面波探头、兰姆波探头、可变角探头、双晶探头、聚焦探头、水浸探头、喷水探头和专用探头等,如图 20-8 所示。

试块:按一定用途设计创作的具有简单几何形状人工反射体的试样,称为试块。试块可分为标准试块和对比试块。标准试块:指材质、形状、尺寸和性能等,由国际标准组织或某个国家的权威机构讨论通过的试块。它是一种校验用试块,主要用于仪器、探头和检测系统的性能测试和校验,如 IIW 试块和我国 CSK-IA 试块。IIW 试块用来检测仪器时间基准线的线性及垂直偏转线性,调整纵波探测范围和扫描速度以及测定直探头和仪器的距离分辨力,如图 20-9 所示。

图 20－8　超声波换能器

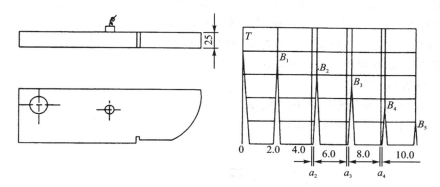

图 20－9　IIW 试块水平线性的测试

4. 实验方法和步骤

（1）实验设备参数调整

实验设备见图 20－10。

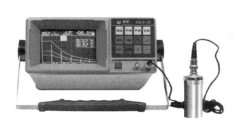

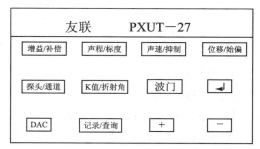

图 20－10　实验设备

调整仪器步骤：

① 设置探头和通道

按"探头/通道"键后，再按增量" ＋ "或减量"－"键，可设置单探头或双探头两种方式。反复按"探头/通道"键,可进行"通道"切换。本设备共设有 4 个通道,每组通道可存储独立探伤工艺参数。

② 设置补偿为零

按"增益/补偿"键后,再按确认"↵"键,可切换到"补偿"设置。调节增量"＋"或减量"－"键,设置补偿为零。

③ 设置抑制为零

按"声速/抑制"键后,再按确认"↵"键,可切换到"抑制"设置。调节增量"＋"或减量"－"键,设置抑制为零。

④ 设置声速

按"声速/抑制"键后,再调节增量"＋"或减量"－"键,可进行"声速"调节与设置。

反复按"声速/抑制"键可选择声速调节档,声速调节档有两档:"声速－1"为细调,调节步长 1 m/s;"声速－2"为粗调,调节步长 100 m/s。声速是指声波在工件传播的速度,一般在钢中声波的纵波声速为 5 900 m/s,横波为 3 240 m/s。

⑤ 设置始波零位

按"位移/始偏"键后,再调节增量"＋"或减量"－"键,可进行始波位置调节。通常调节探头位置使得始波前沿在水平线零位(见图 20－11)。

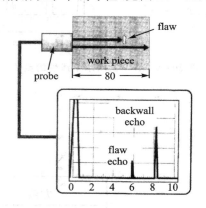

图 20－11　设置参数

⑥ 设置标度

按"声程/标度"键,再按确认"↵"键,可切换到"标度"设置。反复按确认"↵"键,仪器会在四种不同的标度中切换。这四种标度为:声程 S;水平 X;垂直 Y;时间 T。用户可根据需要,设置相应的标度。在直探头探伤时,声程与垂直标度相同,而水平便为 0。通常选择垂直标度 Y。

⑦ 设置声程

按"声程/标度"键,再调节增量"＋"或 减量"－"键,可进行"声程"调节与设置。反复按"声程/标度"键可选择声程调节档,声程调节档有两档:"声程－1"为细调,为连续调节;"声程－2"为粗调,调节在固定值间变化。

针对检测零件深度,应合理设置声程,以达到一倍零件深度在水平线上能完全显示,至此检测仪器调节完毕。

（2）检测仪时间基准线的线性测定

① 可将直探头放在试块的侧面上(宽 25 mm),调节仪器增益和扫查范围,以获得无干扰的 5 次底面回波。

② 调节探伤仪的"增益"、"衰减器"、"水平"和"深度"旋钮,使第一次底波 B1 前沿对准刻度"2.0",第五次底波 B5 前沿对准刻度"10.0",在相同回波幅度(如 50%满刻度)下读取 B2、B3、B4 前沿各自偏离"4.0""6.0""8.0"刻度的偏差值。

③ 最大偏差值按仪器计算水平线性误差:读取 ZBY230 - 84 规定仪器水平线性误差≤2%。仪器水平线性的好坏,直接影响测距精度,即影响缺陷的定位。

（3）斜探头在钢中折射角的测定

测定入射点时,使探头对着 IIW 试块的圆弧面左右移动,使得圆弧面回波最高。此时,探头上与圆弧的圆心相对应的点就是该探头的入射点位置。可把该位置刻印在楔块上。

根据折射角大小,需将探头放置于 IIW 试块上的不同位置进行测量。当折射角为 35°～60°时,在 A 处,以孔 ϕ50 回波测定;当折射角为 60°～75°时,在 B 处,以孔 ϕ50 回波测定;当折射角为 75°～80°时,在 C 处,以孔 ϕ1.5 回波测定,如图 20 - 12 所示。

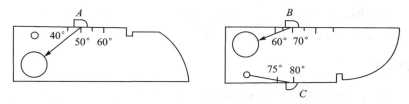

图 20 - 12　测定斜探头折射角

测定折射角时,使探头声束轴线与 IIW 试块侧面平行,前后移动探头,使孔回波最高。此时,探头上入射点与试块侧面上对应的角度刻线的读数即为探头的折射角。

5. 实验报告要求

（1）熟练使用超声波探伤仪,并设置各个按钮参数和超声波的调零;

（2）用超声波探伤仪及标准试块能够熟练做出 AVG 曲线;

（3）对常规测试样品能够使用超声波探伤仪进行缺陷检测,明确找出缺陷位置。

实验 21　涡流检测实验

1. 实验目的

（1）熟悉各种涡流探伤仪、测量仪的基本操作，简单了解各实验仪器的工作原理及性能，并通过系列实验了解涡流无损检测在现代工业中的应用。

（2）学习掌握涡流检测的基本方法及相关理论知识，了解涡流检测仪、测量仪及涡流探头的内部结构和工作原理。

（3）分别使用 EEC－37RFT 智能便携式多频涡流仪、D60K 数字金属电导率测量仪和 7504 涂层测厚仪进行探伤，测量电导率和薄膜厚度。

2. 实验设备及材料

EEC－37RFT 智能便携式多频涡流仪、D60K 数字金属电导率测量仪、7504 涂层测厚仪、各种涡流探头及数据传输线、EEC－37RFT 智能便携式多频涡流仪标准试块（含有深分别为 0.1 mm、0.5 mm、1.0 mm 的划痕）、D60K 数字金属电导率测量仪高值-低值定标试块、7504 涂层测厚仪标准膜。

3. 实验原理

当导电体靠近变化着的磁场或导体做切割磁力线运动时，由电磁感应定律可知，导电体内必然会感生出呈涡状流动的电流，即所谓涡流。设此涡流是因通以交变电流的检测线圈靠近导电体而生，则由电磁感应理论可知，与涡流伴生的感应磁场会与原磁场叠加，结果使得检测线圈的复阻抗发生改变。由于导电体内感生涡流的幅值、相位、流动形式及其伴生磁场不可避免地要受导电体的物理及其制造工艺性能的影响，因此通过监测检测线圈阻抗的变化即可非破坏地评价被检材料或工件的物理或工艺性能并发现某些工艺性缺陷，此即涡流检测的基本原理。图 21－1 所示为涡流检测原理示意图。

（1）检测线圈的阻抗

设通以交变电流的初级线圈（检测线圈）的自身阻抗为 Z_0。当初级线圈与次级线圈（被检对象）相互耦合时，由于互感的作用，闭合的次级线圈内会感生出电流，并因此影响到初级线圈中电压与电流的关系。这种影响可以通过互感，用次级线圈作用到初级线圈上的等效阻抗 Z_e 来体现。Z_0 与 Z_e 之和 Z 称为初级线圈的视在阻抗。图 21－2 所示阻抗的归一化平面图。

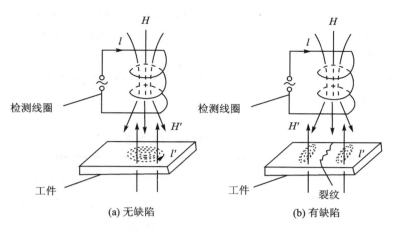

图 21 - 1　涡流检测原理示意图

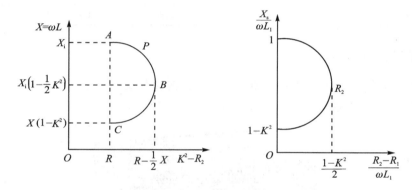

图 21 - 2　阻抗的归一化平面图

（2）涡流检测的线圈

检测线圈有三种类型:探头式线圈(放置式线圈)、穿过式线圈和内通过式线圈,如图 21 - 3 所示。

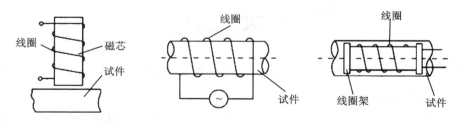

图 21 - 3　检测线圈的三种类型

① 探头式线圈(放置式线圈)　探头式线圈的体积小,圈内部一般带有磁芯。探头式线圈检测灵敏度高,适用于各种板材、带材和大直径管材、棒材的表面检测。

② 穿过式线圈　穿过式线圈能检测管材、棒材、线材等可以从线圈内部通过的导电工件或材料。用穿过式线圈容易实现小直径管、棒、线材表面质量的高速、大批量自动化检测。

③ 内通过式线圈　用内通过式线圈可以检测安装好的管件，或检测小直径的深钻孔、螺纹孔或厚壁管内壁的表面质量。

涡流检测的应用如表 21 − 1 所列。

表 21 − 1　涡流检测的应用

检测目的	影响涡流特性的因素	用途
探伤	缺陷的形状、尺寸和位置	导电的管、棒、线材及零部件的缺陷检测
材质分选	电导率	混料分选和非磁性材料电导率的测定
测厚	检测距离和薄板厚度	覆膜和薄板厚度的测量
尺寸检验	工件的尺寸和形状	工件尺寸和形状的控制
物理量测量	工件与检测线圈之间的距离	径向振幅、轴向位移及运动轨迹的测量

4. 实验方法和步骤

4.1　实验一：EEC − 37RFT 便携式多频涡流仪的操作

EEC − 37RFT 便携式多频涡流仪如图 21 − 4 所示。

图 21 − 4　EEC − 37RFT 便携式多频涡流仪

（1）仪器基本操作

① 按"电源开关"，接通电源，根据需要选择操作程序和其他参数（按面板上的"左""右"箭头选择）。

② 仪器有单阻抗平面显示。

③ 选择"单阻抗平面显示"，进入"检测"菜单，出现"调试""分析"等子菜单。

④ 按"左""右"箭头选择"调试",进行仪器及探头参数调试,包括校准、调平衡。

⑤ 调试操作时,应接好探头,并置于工件之上,按"左""右"箭头移动子菜单中的光标,当光标移动到相应的项时,可按"功能3"和"功能4"调整相应变量,调整"匹配"和"驱动",使正弦波波形为屏幕的1/4～1/3的高度。校准完毕后返回。

⑥ 选择"平衡位置",可对涡流进行平衡点的设置,进入后,按"上""下""左""右"箭头将屏幕中的"＋"标志调到中央;完成后按"确认",再按"左""右"箭头使光标移到"退出"选项,按"确认"退出。

⑦ 回到"检测"界面,使光标移到"检测"后,按"确认"开始检测。

⑧ 准备好定标试块,将探头放在钢制试块完好处,按一下"平衡"。

⑨ 将探头放在钢制试块0.1 mm划痕上,来回移动数次后,按"Esc"停止检测。

⑩ 观察幅值是否分明,若不明显,调节"增益",重复步骤⑨的操作。

⑪ 扫出一系列峰值后,进入"检测"中的"分析",移动两闸门,使一个峰值在闸门内,按"确认",读取幅值和百分比;测量多个峰值取平均。

⑫ 重复步骤⑦～⑪,分别测得0.5 mm、1.0 mm划痕的标定值。

⑬ 得到0.1 mm、0.5 mm、1.0 mm划痕的数值后,选择"调试"的"标定"子菜单,按"确认"进入,输入相应数值,按功能键"功能3",屏幕中即出现标定曲线。

⑭ 若受检工件是铝制品,则可以用同样的方法对铝试块进行标定。

⑮ 标定结束后,就可以将探头放到相应工件上进行检测。

图21-5所示为实验一的仪器基本操作原理。

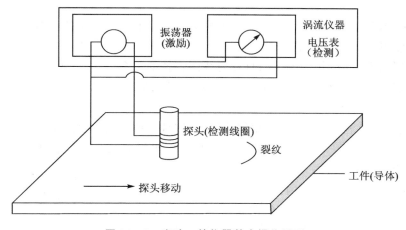

图 21-5　实验一的仪器基本操作原理

(2) 涡流有效透入深度实验

① 选择工作频率为1～5 kHz的放置式线圈,仪器工作频率为3 kHz左右。

② 调整涡流检测仪的增益、相位旋钮(或按键),使提离信号为水平。对于指针式仪器,提离信号影响调至最小。

73

③ 分别依次扫查铝合金和不锈钢试样上埋深不同的人工槽形缺陷,观察并记录不同材料上不同深度人工槽形缺陷的埋深和涡流响应情况。

④ 选择工作频率为 50～500 kHz 的放置式线圈,仪器工作频率为 60 kHz 左右。

⑤ 调整涡流检测仪的增益、相位旋钮(或按键),使提离信号为水平。对于指针式仪器,提离信号影响调至最小。

⑥ 分别依次扫查铝合金和不锈钢试样上埋深不同的人工槽形缺陷,观察并记录不同材料上不同深度人工槽形缺陷的埋深和涡流响应情况。

(3) 边缘效应实验

① 选择工作频率为 50～500 kHz 的放置式线圈,仪器工作频率为 300 kHz 左右。

② 调整涡流检测仪的增益、相位旋钮(或按键),使提离信号为水平。

③ 探头平稳置于铝合金试样表面中间位置,慢慢向某一边缘扫查,观察涡流响应信号的变化。

④ 记录涡流响应信号因探头接近试样边缘发生变化时探头的位置,测量探头在该位置上其中心距离板材边缘的距离。

⑤ 计算探头涡流作用范围的直径与线圈直径的关系。

⑥ 选择工作频率为 50～500 kHz 的放置式线圈,仪器工作频率为 50 kHz 左右。

⑦ 调整涡流检测仪的增益、相位旋钮(或按键),使提离信号为水平。

⑧ 探头平稳置于铝合金试样表面中间位置,慢慢向某一边缘扫查,观察涡流响应信号变化。

⑨ 记录涡流响应信号因探头接近试样边缘发生变化时探头的位置,测量探头在该位置上其中心距离板材边缘的距离。

⑩ 计算探头涡流作用范围的直径与线圈直径的关系。

⑪ 选择工作频率在 50～500 kHz 的放置式线圈,仪器工作频率为 500 kHz 左右。

⑫ 调整涡流检测仪的增益、相位旋钮(或按键),使提离信号为水平。

⑬ 探头平稳置于铝合金试样表面中间位置,慢慢向某一边缘扫查,观察涡流响应信号变化。

⑭ 记录涡流响应信号因探头接近试样边缘发生变化时探头的位置,测量探头在该位置上其中心距离板材边缘的距离。

⑮ 计算探头涡流作用范围的直径与线圈直径的关系。

4.2 实验二:D60K 数字金属电导率测量仪测钛青铜的电导率

(1) 打开开关,启动 D60K 数字金属电导率测量仪,连接好探头。

(2) 将探头放在标定试块低值试样上,转动"读数"旋钮使读数与试块低值 5.73 M·S/m 一致;然后转动"低值"旋钮使电压差为 0 V。

(3) 将探头放在标定试块高值试样上,转动"读数"旋钮使读数与试块低值

55.8 M·S/m 一致;然后转动"高值"旋钮使电压差为 0 V,重复操作几次。

(4) 将探头放在 1 号钛青铜试块的 A 位置上,转动"读数"旋钮使电压差值为 0 V,读出读数,然后分别在 B、C、D、E 四个位置上测量,记录读数。

(5) 重复步骤(3),分别在 2、3、4、5 号试块上测量并记录读数。

(6) 记录数据汇总处理。

4.3 实验结果

(1) EEC-37RFT 智能便携式多频涡流仪的操作及定标。

EEC-37RFT 智能便携式多频涡流仪的标定,如图 21-6 所示(图(a)为钢制试块,图(b)为铝制试块)。

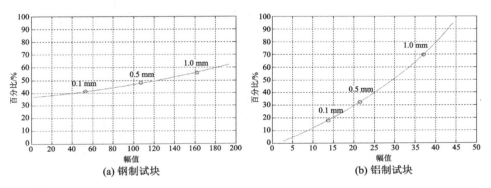

(a) 钢制试块   (b) 铝制试块

图 21-6 EEC-37RFT 智能便携式高频涡流仪的标定

(2) D60K 数字金属电导率测量仪测金属电导率,如表 21-2 所列。

表 21-2 金属电导率测量仪测电导率

标定试块 高值:55.8 M·S/m 低值:5.73 M·S/m   单位:M·S/m

测量位置 / 试块编号	位置 A	位置 B	位置 C	位置 D	位置 E	平均值
试块 1	25.8	27.6	28.7	29.9	27.0	27.80
试块 2	26.6	26.6	26.2	27.8	28.0	27.04
试块 3	27.6	29.0	29.0	29.0	29.3	28.78

5. 实验报告要求

(1) 明确涡流探伤仪的基本原理和设备的具体操作。

(2) 针对不同的样品能够明确使用探头的类型并进行缺陷的探伤。

(3) 能够使用涡流探伤仪进行部分金属电导率的判定测试。

第四篇
材料分析表征实验

材料成型及控制工程专业实验实训教程

实验 22　X 射线衍射仪的结构原理与物相分析

1. 实验目的

（1）了解布鲁克 D8 Advance 型 X 射线衍射仪（XRD）的结构和工作原理。

（2）练习用 PDF（ASTM）卡片及索引对多相物质进行物相定性分析。

2. 实验原理

（1）设备原理

布鲁克 D8 Advance 型 X 射线衍射仪主要由陶瓷 X 光管、X 射线高压发生器、高精度测角仪、闪烁晶体探测器、计算机控制系统、循环水装置、数据处理及相关应用软件构成。

X 射线源由高压系统和 X 光管组成。X 光管发射出的单色 X 射线是进行 XRD 分析的入射光源。测角仪是 X 射线衍射仪的重要部分。在测角仪中，X 光管的焦点与计数管窗口分别位于测角仪圆周上，样品位于测角仪圆的中心。在入射和反射光路上还设有梭拉狭缝、发射狭缝、防散射狭缝和接收狭缝等。

入射 X 射线经狭缝照射到试样上，晶体中与样品表面平行的晶面，在符合布拉格条件时即可产生衍射，衍射线经单色晶体反射后被探测器所接收，所产生的电脉冲经放大后送至计数率仪，并在记录仪上画出衍射图。

图 22 - 1 所示为 X 射线衍射仪工作原理方框图。

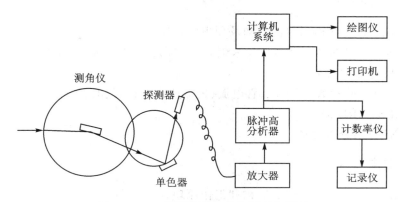

图 22 - 1　X 射线衍射仪工作原理方框图

（2）用 X 射线衍射仪进行物理分析

① 试样　衍射仪一般采用块状平板试样，它可以是整块的晶体，也可以是多晶

粉末压制。金属样可以从大块中切割合适的尺寸,需磨平和磨光。粉末样品应有一定的粒度要求。根据粉末的数量,可将其压在玻璃制成的通框或浅框中。压制时一般不加粘合剂,所加压力以使粉末样品粘牢为限,压力过大可能导致颗粒的择优取向。当粉末数量很少时,可在平玻璃片上抹一层凡士林,再将粉末均匀覆上。

② 测试参数的选择 测试之前,须确定的实验参数有很多,如 X 射线管阳极的种类、滤片、管电压、管电流等。衍射仪须设置的主要参数有:计数率仪的满量程,如每秒为 500 计数、1 000 计数或 5 000 计数等;计数率仪的时间常数,如 0.1 s,0.5 s,1 s 等;测角仪连续扫描速度,如 0.01(°)/s,0.03(°)/s 或 0.05(°)/s 等;扫描的起始角和终止角等。此外,还可以设置寻峰扫描、阶梯扫描等其他方式。

③ 衍射图谱分析 衍射谱上明显的衍射峰 2θ 值的测量可借助于三角板和米尺。将米尺的刻度与衍射角的坐标对齐,令三角板一直角边标沿米尺移动,另一直角边与衍射峰的对称(平分)线重合,并以此作为峰的位置。借助米尺,可估计出 2θ 值。随后,通过工具书查出对应的 d 值,再按衍射峰的高度估计出各衍射线的相对强度。有了 d 系列与 I 系列之后,以前反射区三根最强线为依据,查阅索引,用尝试法查找标准 d-I 数据卡(PDF 卡片),进行详细对照,确定物相。待确定好一个物相之后,将余下线条进行强度的归一处理,再寻找第二个物相。以此类推,寻找第三、四……个物相。目前,物相定性分析这一过程已经计算机化,如 Jade 等应用软件可以迅速准确地完成物相分析。

3. 实验设备及材料

(1) 布鲁克 D8 Advance 型 X 射线衍射仪;
(2) 氧化铝粉末、铜箔和铝箔。

4. 实验方法和步骤

(1) 了解 X 射线衍射仪的结构及测角仪工作原理。
(2) 学生分组选择一个多相粉末混合物样品或块状平面多晶体试样,装入样品并调节样品高度。
(3) 设置实验参数(管电压、管电流、扫描速度、扫描范围、步进等)。
(4) 采集 XRD 谱。
(5) XRD 谱分析处理。

5. 实验报告要求

(1) 说明 X 射线衍射仪的结构和工作原理。
(2) 对多相物质的衍射图(或实验数据)进行物相定性分析。
(3) 分析总结 X 射线衍射物相分析的特点并写出体会。

实验 23　X 射线衍射残余应力的测试

1．实验目的

（1）了解金属材料残余应力的种类。

（2）了解 X 射线残余应力测定原理。

（3）掌握 $\sin^2\psi$ 法测量金属材料表面宏观残余应力的实验方法。

2．实验原理

金属材料及制品在冷热、加工过程中常产生残余应力。残余应力对制品的力学性能有着直接影响。残余应力可分为宏观残余应力和微观残余应力两类。宏观残余应力是指由于加载不均匀，而导致在物体较大范围（宏观体积）内存在的残余应力，也叫第一类内应力。材料存在宏观残余应力时，将造成晶体发生晶格畸变，从而导致晶体间距产生微小的变化，这一变化可反映在 X 射线衍射谱上的衍射峰位置偏移。根据衍射峰的偏移量可以计算出晶体材料残余应力的大小。微观残余应力是指从晶粒大小到原子间距尺度范围内存在的残余应力，也叫第二、第三类内应力。有微观应力存在时，会使衍射线变宽或使衍射线强度降低。

当材料中存在拉应力时，平行于拉应力方向的 (hkl) 晶面间距减小，衍射角增大，垂直于应力方向的同族晶面间距增大，而衍射角减小。

3．实验方法和步骤

衍射仪法用于实验室测试，该方法通过旋转 X 射线入射方向来改变 ψ 角。在实际工作中常使用 $\sin^2\psi$ 法来测定应力。

分别按照以下步骤进行测试：

（1）$\psi=0°$ 时 $2\theta_0$ 的测定，即测定与试样表面平行的 (hkl) 晶面的 $2\theta_0$ 角。

（2）ψ 为任意角时的 $2\theta_\psi$ 的测定。

为作 $2\theta_\psi - \sin^2\psi$ 曲线，通常取 ψ 分别为 $0°,15°,30°,45°$ 这四点测量，即依次测 $\psi=15°,\psi=30°,\psi=45°$ 的数据。

（3）将以上获得的 ψ 为 $0°,15°,30°,45°$ 时的 $2\theta_\psi$ 值和 $\sin^2\psi$ 的值作 $2\theta_\psi - \sin^2\psi$ 关系图。

（4）计算出试样表面的应力。

4. 实验报告要求

（1）简述材料残余应力的分类及在生产实践中测定残余应力的意义。

（2）简要说明 X 射线应力测定仪的工作原理。

（3）对所得的实验数据进行处理：作出 $2\theta_\psi - \sin^2\psi$ 曲线，计算其斜率和应力的大小等。

（4）分析残余应力状态及其产生原因。

实验 24　透射电子显微镜的构造及使用

1. 实验目的

（1）了解透射电镜的成像原理及结构。

（2）了解明暗场和选区电子衍射成像原理，做明暗场像和选区电子衍射操作。

2. 透射电镜的结构

透射电镜与光学显微镜有类似的结构，整个成像过程需要一个光源、一个透镜、一个显示实像的接收屏，这一部分构成了**透射电镜的主体，即电子光学系统，也称为镜筒**。图 24 - 1 所示为可见光显微镜与透射电子显微镜光路图。两者所用光源不同，透射电镜使用电子束，而光学显微镜使用可见光。光学显微镜使用光学透镜，而透射电镜使用电磁透镜。

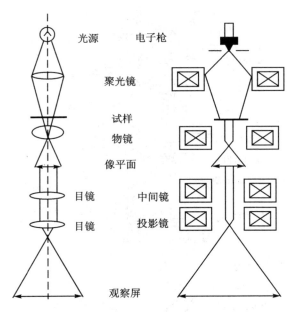

图 24 - 1　光学显微镜与透射电镜光路图

镜筒必须处于真空状态，否则电子束传播时与空气分子发生碰撞，会导致电子运动方向改变，电子运动速度降低，因此透射电子显微镜必须有一套**真空系统**。场发射电子枪对真空度的要求较高，常采用机械泵、扩散泵和离子泵联合抽真空来获得所需真空度。

透射电镜需要两部分**电源**,包括:供给电子枪的高压部分和供给电磁透镜的低压稳流部分。电源的稳定性越好,电镜性能越好。透射电镜上配合的能谱分析仪、电子能量损失谱仪等附件,构成了透射电镜的附属设备系统。

可见,透射电子显微镜由电子光学系统、真空系统、电源及控制系统以及其他附属设备等四大部分组成。

电子光学系统是透射电镜的核心。图24-2所示为JEM-2100F透射电镜电子

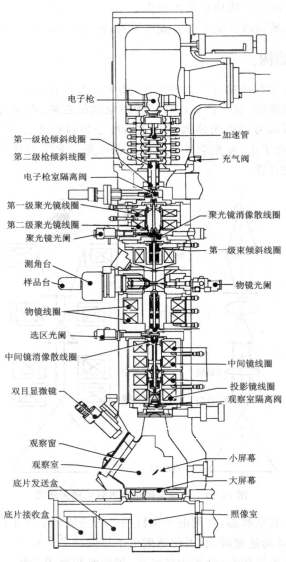

图24-2 JEM-2100F透射电镜电子光学系统

84

光学系统简图。从上往下依次为电子枪、聚光镜、聚光镜光阑、样品室、物镜、物镜光阑、选区光阑、中间镜、投影镜、观察室、荧光屏和照像室。可将透射电镜电子光学系统分为**照明系统**、**成像与放大系统**以及**观察记录系统**。随着技术的发展,透射电镜的场发射电子枪亮度提高、色散减小、记录系统数字化,另外电磁透镜的球差也可消除。

（1）照明系统

照明系统主要由电子枪、加速管和聚光镜组成。图 24-3 所示为热阴极发射电子枪和场发射电子枪的结构。热阴极发射电子枪包括发夹形钨灯丝阴极、栅极帽和阳极三极,其中灯丝接负高压,灯丝处于高温（2 500～2 700 K）时发射电子,电子发射率与电流成正比,增大灯丝电流可增加照明亮度,但灯丝温度越高,灯丝寿命越短。当阴极电位和位置确定后,电子枪中的电场分布主要取决于栅极电位,其主要作用是控制阴极尖端发射电子的束斑大小。

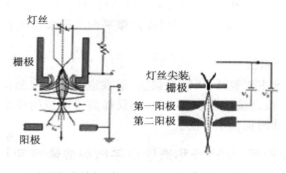

(a)热阴极发射电子枪　　(b)场发射电子枪

图 24-3　热阴极发射电子枪和场发射电子枪结构

为了安全起见,电子枪的阳极一定要接地。在热场发射电子枪中,灯丝工作温度约为 1 800 K,不足以使电子从灯丝中逸出,但在两个阳极的静电场作用下可以将电子强行从灯丝中发射出来。

透射电镜中有两个聚光镜。第一级聚光镜为强磁透镜,对电子束进行强磁会聚,缩小后焦面上的光斑尺寸,增加透镜的电流密度。第二级聚光镜用来改变电子束的照明孔径角,获得近似平行的照明电子束,提高分辨率。在第二级聚光镜下方的聚光镜光阑,主要用来进一步限制照明孔径角。调节聚光镜消像散线圈的电流,可以改变电子束斑的形状,获得近似圆形的束斑。

电子枪和加速管套装在由绝缘材料制备的枪套里,在枪套与电子枪之间充满高压 SF_6 绝缘气体。

（2）成像与放大系统

成像与放大系统主要由样品室、物镜、中间镜、投影镜以及物镜光阑、选区光阑组成。其中,物镜光阑在物镜的背焦面上,其主要作用是提高明场像的衬度和做暗场像;选区光阑位于物镜的像平面上,可对感兴趣的图像进行选区,实现选区电子衍射功能。透射电镜的放大倍数是物镜、中间镜、投影镜三者的乘积。在成像系统中,物镜和极靴是透射电镜最为关键的部件,其决定了透射电镜的重要性能指标。物镜是一个强励磁、短焦距透镜,具有像差小的特点,主要有两个方面的作用:一是将试样不同地方、同相位的平行光会聚于其后焦面上,构成含有试样结构信息的衍射花样;二是将试样同一点但沿不同方向传播的散射束会聚于其像平面上,构成与试样组织相对应的显微像。在现代,分析电镜由双物镜和辅助透镜构成,试样位于上下物镜之间,上物镜起强聚光作用,下物镜起成像、放大作用,辅助透镜是为了进一步改善磁场对称性而加入的。

中间镜的主要作用是:① 通过改变中间镜的电流或关闭中间镜,改变透射电镜的放大倍数;② 通过改变中间镜电流,改变中间镜物平面的位置,使电镜工作于衍射模式或成像模式。当中间镜的物平面与物镜后焦面一致时,将处于衍射模式,即把物镜后焦面上的衍射谱进行放大,在荧光屏上得到衍射谱;而当中间镜的物平面与物镜像平面重合时,电镜处于成像模式,将把物镜像平面上的实像进行放大,在荧光屏上得到试样的形貌像。

（3）观察和记录系统

观察和记录系统主要包括:双目显微镜、观察室、荧光屏、照像室。目前,透射电镜大多使用 CCD 相机直接获得数字图像,不仅提高了电镜的效率,而且为透射电镜图像后续的数值化处理提供了方便。

3. 透射电镜成像原理、明暗场和选区电子衍射成像原理

透射电子显微镜电子光学系统的工作原理与普通光学显微镜的成像原理一致,也就是:平行光照射到光栅上,将在透镜的后焦面上出现衍射斑点;在像平面上产生光栅倒立的实像,如图 24－4 所示。

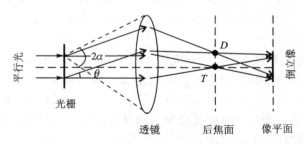

图 24－4　透射电子显微镜工作原理示意图

由于晶体的不同部位结构或取向存在差别,当某一区域发生衍射时,另一区域不发生衍射,由衍射强度差异而形成的图像称为衍衬像。如果只允许透射束通过物镜光阑成像,称其为明场像;如果只允许某支衍射束通过物镜光阑成像,则称为暗场像,明暗场成像的光路原理如图 24－5 所示。在试样中满足布拉格条件的区域,衍射束强度较强,而透射束强度相对较弱,用透射束成明场像,该区域呈暗衬度;反之,偏离

布拉格条件的区域衍射束强度较弱,透射束强度较强,在明场像中显示亮衬度。而暗场像中的衬度与明场像衬度刚好相反。

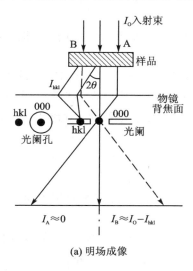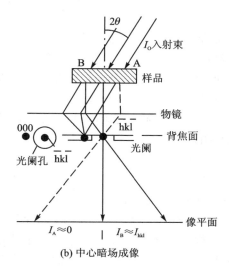

(a) 明场成像　　　　　　　　(b) 中心暗场成像

图 24－5　明暗场成像的光路原理示意图

选区电子衍射是通过移动安置在中间镜上的选区光阑,使之套在感兴趣的区域上,实现物相结构分析的。

由于透射电镜试样较薄,只要满足布拉格衍射条件的(hkl)晶面都会产生与入射方向成 2θ 的衍射束,在物镜的后焦面上形成透射斑点和衍射斑点,然后各斑点经干涉后重新在物镜的像平面上成像。

在物镜像平面上插入选区光阑限制参加成像和衍射的区域。图 24－6 所示为选区衍射的光路图。选择区域的大小由选区光阑孔径的大小决定,只有选区光阑孔径范围内的电子可通过光阑进入后续的放大系统到达观察屏。

4. 明暗场像和选区电子衍射操作

（1）明场像和暗场像成像操作

明暗场成像操作比较容易,其中暗场像操作及其要点如下:

① 在明场像下寻找感兴趣的视场。

② 按"衍射"按钮转入衍射操作方式。

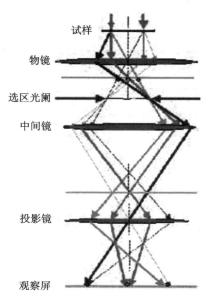

图 24－6　选区衍射的光路图

为获得较强的衍射束,可适当地倾转样品调整其取向。

③ 倾斜入射电子束方向,使用于成像的衍射束与电镜光轴平行,此时该衍射斑点应位于荧光屏中心。

④ 插入物镜光阑,套住荧光屏中心的衍射斑点,转入成像操作方式。此时,荧光屏上显示的图像即为该衍射束形成的暗场像。

通过倾斜入射束方向,把成像的衍射束调整至光轴方向,这样可以减小球差,获得高质量的图像。用这种方式形成的暗场像称为中心暗场像。在倾斜入射束时,应将透射斑移至原强衍射斑(hkl)位置,而(hkl)弱衍射斑相应地移至荧光屏中心,而变成强衍射斑点。

(2) 选区电子衍射成像操作

① 把感兴趣的区域移动到荧光屏中央。

② 插入选区光阑,调节中间镜电流直到选区光阑孔的边缘在观察屏上呈现清晰的像,从而使中间镜物平面与选区光阑平面重合。

③ 拔出选区光阑,调节聚焦钮,直到试样在观察屏上的像清晰,从而使物镜像平面与选区光阑平面、中间镜物平面三者重合。拍照记录感兴趣区域的形貌。

④ 插入选区光阑,套住感兴趣的区域,按下选区衍射钮获得选区衍射花样。

⑤ 调节中间镜电流使透射斑最小、最圆,此时可获得清晰的选区衍射花样,并采用 CCD 或底片记录衍射花样。

5. 实验报告要求

(1) 指出透射电镜的各部分组成。

(2) 掌握透射电镜明暗场像成像原理及电子衍射原理。

(3) 掌握透射电镜明暗场像成像操作及电子衍射操作。

实验 25　扫描电子显微镜的构造及使用

1．实验目的

（1）了解扫描电镜的结构及成像原理。
（2）了解能谱仪的结构及成像原理。
（3）掌握扫描电镜二次电子成像操作。
（4）掌握扫描电镜能谱元素分析操作。

2．扫描电镜的结构及成像原理

（1）扫描电镜的构造

扫描电镜是利用细聚焦高能电子束在试样表面上扫描，激发出各种物理信号，包括二次电子、背散射电子等，通过对这些信息的接收、放大和显示，实现试样的微区分析。在结构上可将扫描电镜分为电子光学系统、扫描系统、信号接收与显示系统、样品移动与更换系统和真空系统，如图 25 - 1 所示。

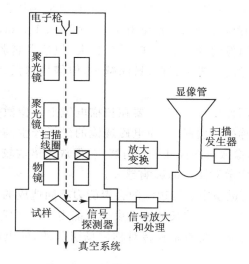

图 25 - 1　扫描电镜结构原理图

① 电子光学系统　扫描电镜的电子光学系统由电子枪及电磁透镜等组成。

电子枪采用三级热阴极电子枪。将灯丝做成 V 形，栅极为负偏压，阳极接地（电压为 0），常用的灯丝有钨（W）灯丝和六硼化镧（LaB_6）灯丝，使得电子能量发散度小、亮度高。青海大学机械工程学院实验室蔡司的扫描电镜（见图 25 - 2）属于场发射

（Field Emission）扫描电镜,灯丝为六硼化镧(LaB$_6$)。

图 25 - 2　蔡司扫描电镜实物图

电磁透镜的三个会聚透镜对电子束的压缩倍数分别为 M_1、M_2、M_3,那么落在样品上的束斑直径 d 为

$$d = d_0/(M_1 \times M_2 \times M_3)$$

式中: d_0 为栅极和阳极之间交叉斑的直径(30~50 μm),即压缩前的束斑直径。若分辨率为 50 A,那么电子束的总的压缩倍数应在 10 000 倍以上。最末级的会聚镜称为物镜,物镜上方装有物镜光阑,光阑孔径分别为 0.1 mm,0.2 mm,0.3 mm,0.4 mm。孔径越小,图像的分辨率越高,景深越大,但信号越弱,背散射电子像的衬度越低;孔径越大,图像的分辨率越低,景深越小,但信号越强,背散射电子像的衬度越高。

像散的存在会使图像变形,因此需要在扫描电镜上装像散消除器。像散是由磁透镜磁场的非旋转对称磁场引起的,使电磁透镜的磁场产生椭圆度。当图像的放大倍数低于 1 000 倍时,像散对图像几乎没有影响,但放大倍数较高时,需要消除像散。另外,工作距离越大,像散对图像的影响越大。

a. 球面像差,是由透镜中心与边缘的会聚能力不同造成的。

b. 色差,是由透镜对不同波长的电子束会聚能力不同造成的。

c. 像散,是由磁透镜磁场的非旋转对称磁场引起的,使电磁透镜的磁场产生椭圆度。

② 扫描系统　主要包括扫描发生器、扫描线圈和放大倍率变换器。扫描发生器由 X 扫描发生器、Y 扫描发生器及它们的放大器组成,以便实现行扫描和帧扫描。

扫描电镜的放大倍数等于显示屏上的宽度与电子束在试样上扫描的宽度之比,通过改变电子束的偏转角度可调节放大倍数,放大倍数连续可调。如果显示屏宽度为 150 mm,放大 10^4 倍,试样上的行扫宽度为 15 μm。

③ 信号的接收、放大与显示　电子束与试样相互作用会产生二次电子、背散射电子及 X 射线等，采用不同的探测器可以接收不同的信号。

二次电子探测器上加有＋500 V 的电压，收集到的二次电子打在闪烁体探头上，探头表面的荧光物质在二次电子的轰击下释放出光子束，沿着光导管传到光电倍增管的阴极上，光电阴极把光信号转变成电信号并加以放大输出，再经前置放大器放大后进入视频放大器，再到 CRT 的栅极上。二次电子信号强的地方，图像就亮，信号弱的地方，图像就暗，产生亮度反差。电子束在凸凹的样品表面上逐点扫描时产生的二次电子数量的多少直接影响着图像的亮度。

④ 样品移动　扫描电镜样品台操作时，通过千分尺机构可实现 X、Y、Z 三个方向上的位移，也可使样品倾斜和旋转。

⑤ 真空系统与更换试样　真空度要达到 10^{-5} Pa 时，才能开高压。水源供水和扩散泵有超温自行保护装置。更换试样时，通入气体，局部破坏真空。枪室的真空系统和镜筒的真空系统是隔离的，因此可单独更换灯丝。

（2）扫描电镜的常用参数

扫描电镜的常用参数有加速电压、束斑直径、工作距离、扫描速度。

工作距离为样品表面到极靴的距离。在图像聚焦清楚时，焦距＝工作距离。工作距离越近，图像的分辨率越高，景深越小；工作距离越远，图像的分辨率越低，景深越大。

加速电压越高，图像分辨率越高，背散射电子信号越强；加速电压越低，图像分辨率越低，背散射电子信号越弱。

束斑直径越大，二次电子、背散射电子、特征 X 射线的信号越强，图像分辨率越低；束斑直径越小，二次电子、背散射电子、特征 X 射线的信号越弱，图像分辨率越高。

扫描速度越快，扫描每幅图像的完成时间越短，图像清晰度越差；扫描速度越慢，扫描每幅图像的完成时间越长，图像越清晰。

对于导电性及热稳定性较差的样品不适合在高加速电压、大束斑、较慢的扫描速度下进行观察。对固定不好的样品照相时，不能使用较慢的扫描速度，否则图像会变形。

（3）扫描电镜的成像原理

扫描电镜的成像原理，主要利用样品表面微区特征（如形貌、原子序数或化学成分等）的差异，在电子束的作用下产生的物理信号强度不同，导致显像管荧光屏上不同区域的亮度差异，从而获得一定衬度的图像，如图 25-3 所示。

1）二次电子成像原理

① 产生：样品中由入射电子束轰击出来并离开样品表面的核外电子。

② 特点：

a. 能量较低（＜50 eV）；

b. 一般在表层 5～10 nm 深度范围内发射出来，对样品表面形貌非常敏感。

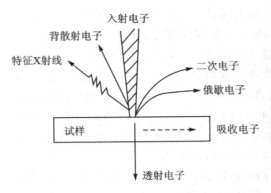

图 25 - 3　电子束与固体样品的相互作用

③ 成像原理：

a. 二次电子能量较低，只能从样品表面层 5～10 nm 深度范围内激发出来。

b. 其数量和原子序数没有明显的关系，但对微区表面的形状十分敏感。

c. 样品上凸出的尖棱、小粒子以及比较陡的斜面处二次电子的产额较多，在荧光屏上亮度较大；平面上二次电子产额较少，亮度较低；在深的凹槽底部虽然也能产生较多的二次电子，但这些二次电子不易被检测器收集到，因此槽底较暗。二次电子成像原理图如图 25 - 4 所示。

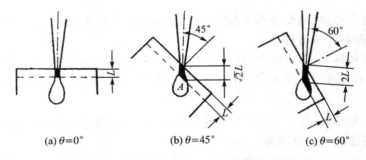

(a) $\theta=0°$　　　(b) $\theta=45°$　　　(c) $\theta=60°$

图 25 - 4　二次电子成像原理图

2) 原子序数衬度原理

① 产生：背散射电子是被固体样品中原子反弹回来的一部分入射电子。包括：

a. 弹性背散射电子——被样品中原子核反弹回来的入射电子，能量基本没有损失，能量很高。

b. 非弹性背散射电子——被样品中核外电子撞击后产生非弹性散射的入射电子，方向和能量均发生改变，经多次散射后仍能反弹出样品表面的入射电子。

② 特点：背散射电子来自样品表层几百纳米的深度范围，其产额随样品原子序数的增大而增多。

③ 作用：不仅能进行形貌分析，还可进行定性成分分析。

④ 成像原理：

原子序数衬度是利用对样品微区原子序数或化学成分变化敏感的物理信号作为调制信号得到的,表示微区化学成分差别的像衬度。

原子序数 $Z<40$ 时,背散射电子的产额随样品原子序数的增大而增加,因而,样品上原子序数较高的区域,产生较强的信号,荧光屏上图像较亮,这样可以根据背散射电子像亮暗衬度来判断相应区域原子序数的相对大小,对金属及其合金进行化学成分的定性分析。

3) 吸收电子成像原理

① 产生：入射电子多次非弹性散射后能量消失,最后被样品吸收。

② 特点：样品中原子序数较大的元素产生的背散射电子的数目较多,相反,吸收电子的数量就较少;反之亦然。因此,吸收电子也可反映原子序数衬度,可进行定性微区成分分析。

③ 作用：定性微区成分分析。

④ 成像原理：吸收电子是被样品吸收的入射电子,故其产额与背散射电子相反,即：样品原子序数越小,背散射电子越少,吸收电子越多,故吸收电子像衬度与背散射电子像衬度刚好相反,也可进行成分分析。

3. 能谱仪的结构、工作原理及分析方法

（1）能谱仪的结构

能谱仪是通过检测元素的特征 X 射线的特征能量来分析样品微区成分的一种仪器。其结构大致分为控制及指令系统、X 射线信号检测系统、信号转换和储存系统、结果输出与显示系统。

青海大学机械工程学院目前使用的能谱仪是英国 Oxford Instruments 公司的 INCA 能谱仪。INCA 能谱仪探头其能量分辨率为 131 eV,比一般探头（140～155 eV）高。

INCA 能谱仪探头是可热循环的,如果在最近一段时间内不使用,就可以启动探测器升温（detector warm up）程序,断开探头高压。值得注意的是,探头一旦升温,在未进行探头冷却（detector cool down）以前不能使用该探测器。

（2）工作原理

来自样品的 X 射线信号穿过 Be 窗进入冷冻的锂漂移硅检测器中,每吸收一个 X 射线光子就会打出一个光电子,光电子的大部分能量用于形成若干个电子-空穴对,在 100 K 温度下产生一个电子-空穴对需要平均能量约为 3.8 eV。若某元素的一个 X 射线光子能量为 E,那么它所能产生的电子-空穴对数目 $N=E/3.8$ eV,E 不同则 N 不同。每一个 X 射线光子产生的电子-空穴对在外加偏压下移动而形成一个电荷脉冲,此脉冲经电荷灵敏的前置放大器转换成电压脉冲,再经主放大器进一步放大、整形,最后送入多道脉冲高度分析器（MCA）。脉冲按电压值被分类并记下对

应每种能量值的 X 光子数目存储。这些数字以横坐标代表能量,纵坐标表示光子数目显示在视屏上。

(3) 能谱仪的分析方法

1) 下面以 INCA 能谱仪为例,简述其分析方法。确定其他分析条件:

① 加速电压(kV):加速电压越大,入射电子的能量越大。当入射电子的能量大于分析元素的临界激发能时,才能激发出元素的特征 X 射线。比如:

超轻元素(Be - O)　　不大于 10 kV。

轻元素(F - K)　　15~20 kV。

重元素(Ca - U)　　20~30 kV。

② 工作距离(WD):WD 为样品表面到极靴的距离,这个距离要保证 X 射线出射角 $\alpha = 30°$,探头的收集效率最高。

③ 样品的几何位置:包括空间位置(x、y、z)及倾斜角(T),这与定量分析结果密切相关。

2) 定性分析:(能谱仪进入 X 射线分析状态)

定性分析包括数据的采集和峰识别。

① 数据的采集:获得反映样品化学成分并具有一定强度的 X 射线谱,是定性定量分析的重要环节,包括点、线和面扫描。

② 峰识别:也就是定性分析。采集之后进行。有两种峰识别方式:包括自动峰识别(auto ID)和手动峰识别(manual ID)。使用自动峰识别时,计算机就会自动识别谱图上所有元素的线系,并可进行标识。使用手动峰识别,当识别一个未知元素的峰时,根据样品所含元素的实际情况,在所有可能的元素的线系进行选择。但在实际分析时发现,谱图中的某个峰根本不属于周期表中的任何元素,或者属于样品中不可能含有的元素,这就需要对这些虚假峰作进一步的分析与鉴别。

③ 虚假峰的识别:虚假峰的分析与鉴别是定性分析的重要内容,应特别注意。主要有以下两种:

a. 叠加峰(和峰)　是由信号脉冲堆积引起的。放大器输出的信号是电压脉冲形式,当两个脉冲时间太近时,模/数转换器无法将其分开,于是把两个脉冲当作一个脉冲,使电压幅度增加。当发生脉冲堆积时,叠加峰处于较高的能量位置上,反映到能谱图中则出现了对应于主峰能量之和的假峰。叠加峰的能量精确地等于某一元素某主峰(如 Kα 系激发)的能量的 2 倍或等于两个主峰的能量之和;叠加峰的高能侧稍尖锐些,而低能侧拖有尾巴。能谱仪中的"脉冲堆积抑制"在低能区(3 keV 以下)抑制效果较差。采用较小的计数率可有效抑制叠加峰的干扰。

b. 逃逸峰　是由 Si(Li)固体探头引起的。若进入探头的 X 射线激发了 Si 的 K 层电子,使 Si 的 Kα 射线从探头中逃逸出去,就会带走一部分能量,Si 的 Kα 光子能量为 1.72 keV。结果在能谱上除主峰之外,还会出现一个低于主峰 1.72 keV 的小峰,这就是硅逃逸峰。

3）定量分析：

利用一个已知成分的标样（纯元素或化合物），测定样品中感兴趣元素与同种元素的标样的 X 射线的相对强度 K（$K = I_i / I(i)$，I_i 为标样 X 射线强度，$I(i)$ 为样品中元素的 X 射线强度），得到 K 值后，由于存在几种效应（原子序数效应——(Zi)、样品内的 X 射线吸收效应——(Ai)、荧光效应——(Fi) 等），必须对它们进行修正（即 ZAF 修正），之后才能得出定量分析结果。

无标样定量分析　在定量分析时使用厂家提供的标样数据。分析过程大致如下：在定性分析的基础上，在元素周期表中选择要进行分析的元素，之后再进行定量计算，各种因子的修正均由计算机按程序瞬间完成。分析结果包括元素的重量百分比和原子百分比。

元素 X 射线系的选择　INCA 自动选择的线系：① 当 $Z < 32$（Ge）时，选用 K 线系，选 K_α 辐射的强度大于 K_β 辐射；② 当 $32 \leqslant Z < 72$（Hf）时，选用 L 线系；③ 当 $Z \geqslant 72$（Hf）时，选用 M 线系。分析时，为了避免试样中各元素之间的干扰（峰重叠），也可选用其他线系。

4）元素的线分析与面分析：

INCA 能谱仪可对样品平面进行线扫描分析和面扫描分析，从而测出样品中某元素沿给定直线或在被分析区域内的分布情况，这对定性研究扩散层的成分梯度、元素在样品中的分布等是一种行之有效的手段。做元素的线分析与面分析时，需要保证样品导电性良好、固定好，不出现漂移的情况；元素含量不能太低，否则信噪比较差，图像效果不好。

（4）样品要求

要获得 X 射线精确的定量数据，除正确地选用分析方式及有关参数外，还应注意下列影响因素：

① 有良好的导电性和导热性。

② 在真空和电子束轰击下稳定。

③ 试样分析面平，垂直于入射束。

④ 样品污染：

a. 在电子束的照射下，镜筒中碳氢化合物电离，形成非晶态碳层。

b. 在电子束照射下有机溶剂形成碳，沿样品表面向电子束照射区迁移和聚集，形成非晶态碳层。

污染使电子束进入样品前发生散射，降低了入射电子的能量，使信号的峰值强度改变，并使分析结果产生误差。要消除污染，镜筒必须保持高真空，对样品可进行加热或蒸发处理，尽量缩短分析时间。

⑤ 样品厚度的影响：试样尺寸应大于电子和 X 射线的穿透范围，这样探测器测得的 X 射线强度比薄样品低，因为样品厚度大，对电子和 X 射线的吸收多。

⑥ 观察微区周围环境的影响：尽量选择观察的区域比周围区域高一些。如果周

围区域高,一方面会吸收一部分 X 射线,影响 X 射线的强度;另一方面,观察区域激发出的特征 X 射线有可能会将周围样品的成分的特征 X 射线激发出来,影响分析结果。

4. 扫描电镜二次电子成像操作

操作步骤如下:

(1) 关掉扫描电镜的高压。

(2) 放气,在扫描电镜的样品室中充入高纯氮气。

(3) 把样品用导电胶粘在样品台上。

(4) 拉出样品室,放入带有样品的样品台。

(5) 抽真空。

(6) 加高压,步长为 0.5 kV,一直加到 8 kV。

(7) 等电流稳定后,选择 SEM 模式,在低倍下找样品。

(8) 找到样品后,逐级放大,每一步都要调焦距,使之图像清晰。

(9) 图像调清晰后,减慢扫描速度,按冻结按钮。

(10) 存储图像。

5. 扫描电镜能谱元素分析操作

操作步骤如下:

(1) 前 7 步与扫描电镜二次电子成像操作一致。

(2) 等电流稳定后,选择 SEM 模式,在低倍下找样品。

(3) 调节 WD 至 15 mm,然后加高压,步长为 0.5 kV,一直加到 25 kV。

(4) 找到样品后,逐级放大,每一步都要调焦距,使图像清晰。

(5) 图像调清晰后,减慢扫描速度。

(6) 打开能谱仪,收集图像。

(7) 选择元素,并选择点、线或面进行扫描。

(8) 对不上的元素手动识别。

(9) 存储数据。

6. 实验报告要求

(1) 指出扫描电镜的各部分组成。

(2) 掌握扫描电镜成像原理及能谱分析元素原理。

(3) 掌握扫描电镜二次电子成像操作和扫描电镜能谱元素分析操作。

第五篇
其他材料成形实验

材料成型及控制工程专业实验实训教程

实验 26　材料拉伸性能检测实验

1. 实验目的

（1）测定低碳钢（如 Q235 钢这种典型塑性材料）的下列力学性能指标：下屈服强度 R_{eL}（或称屈服极限、屈服点 σ_s）、抗拉强度 R_m（或称强度极限 σ_b）、断后伸长率 A 和断面收缩率 z。

（2）测定铸铁（典型脆性材料）的抗拉强度 R_m（或称强度极限 σ_b）。

（3）观察塑性与脆性两种材料在拉伸过程中的各种现象。

（4）比较并分析低碳钢和铸铁的力学性能特点与断口破坏特征。

2. 实验原理

根据 GB/T 228—2002 和 ISO 6892—1998《金属材料室温拉伸试验方法》的基本要求，分别对低碳钢、铸铁的拉伸实验作简要叙述。

（1）低碳钢（Q235 钢）拉伸实验原理

做拉伸实验时，利用万能材料试验机的自动绘图装置及拉伸过程各特征点的示力度盘读数或电子拉力试验机的 X - Y 函数记录仪，可测绘出低碳钢试样的拉伸图，如图 26 - 1 所示的拉力 F 与伸长 L_u - L_0 之间的关系曲线。为了使同一种钢材不同尺寸试样的拉伸过程及其特点便于比较，以消除试样几何尺寸的影响，此曲线称为应力-应变曲线（如图 26 - 2 所示）。从曲线上可以看出，它与拉伸图曲线相似，更清晰地表征了钢材的力学性能。

拉伸实验过程分为四个阶段（见图 26 - 1 和图 26 - 2）。

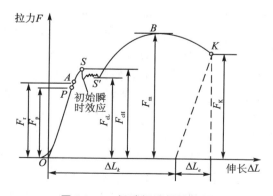

图 26 - 1　低碳钢试样拉伸图

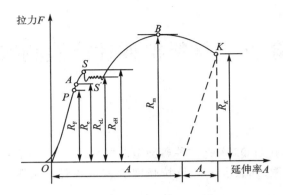

图 26 - 2　低碳钢应力延伸率图

① 弹性阶段 OA：在此阶段中的 OP 段，其拉力 F 和伸长 ΔL 成正比关系，表明钢材的应力 R 与延伸率（或称应变）为线性关系，完全遵循虎克定律，则 OP 段称为线弹性阶段。故点 P 对应的应力 R_F 称为材料的比例极限，见图 26 - 2。在此弹性阶段内可以测定材料的弹性模量 E，它是材料的弹性性质优劣的重要特征之一。实验时，如果当应力继续增加达到 A 点所对应的应力 R_e 时，则应力与应变之间的关系不再是线性关系，但变形仍然是弹性的，即卸除拉力后变形完全消失，这呈现出非线性弹性性质。故 A 点对应的应力 R_e 称为材料的弹性极限，把 PA 段称为非线性弹性阶段。工程上对材料的弹性极限（非线性阶段）和比例极限（线弹性阶段）并不进行严格区分，而是把拉力卸掉后，用精密仪器测定其不能恢复的塑性应变约为 0.02% 时所对应的应力值，界定为规定非比例伸长应力（或称条件弹性极限）$R_{e0.02}$，它是控制钢材在弹性变形范围内工作的有效指标，在工程上很有实用价值。

② 屈服阶段 AS'：当应力超过弹性极限继续增加达到锯齿状曲线 SS' 时，示力度盘上的指针暂停转动或开始稍微回转并往复运动，这时在试样表面上可看到表征金属晶体滑移的迹线，大约与试样轴线成 45° 方向的螺旋线。这种现象表征试样在承受的拉力不继续增加或稍微减小的情况下却继续伸长达到塑性变形发生，这种现象称为试样材料的屈服，其相对应的应力称为屈服应力（或屈服强度）。示力度盘的指针首次回转前的最高应力 R_{eH} 称为上屈服强度，在屈服阶段不计初始瞬时效应时的最低应力 R_{eL} 称为下屈服强度。由于上屈服强度受试验速率、试样变形速率和试样形式等因素的影响不够稳定，而下屈服强度则比较稳定，故工程中一般要求准确测定下屈服强度 R_{eL}，作为材料的屈服极限 σ_s。其计算公式为 $R_{eL}(\sigma_s)=F_{eL}/S_0$。如果材料没有明显的屈服现象，工程上常用产生规定残余延伸率为 0.2% 时的应力 $R_{r0.2}$ 作为规定残余延伸强度，又称条件屈服极限 $\sigma_{r0.2}$。屈服强度（或屈服极限）是衡量材料强度性能优劣的一个重要指标。本实验要求准确测定其屈服强度。

③ 强化阶段 $S'B$：当过了屈服阶段后，试样材料因发生明显塑性变形，其内部晶体组织结构重新得到了排列调整，其抵抗变形的能力有所增强，随着拉力的增加，伸

长变形也随之增加,故拉伸曲线继续上凸升高形成 $S'B$ 曲线段,称为试样材料的强化阶段。在该阶段试样随着塑性变形量的增大累积也增大,促使材料的力学性能也发生变化,即材料的塑性变形性能劣化,材料抵抗变形能力提高,这种特征称为形变强化或冷作硬化。当拉力增加达到拉伸曲线顶点 B 时,示力度盘上的主动针开始返回,而被动针所指的最大拉力为 F_m,据此求得材料抗拉强度 $R_m=F_m/S_0$,它也是衡量材料强度性能优劣的又一重要指标。本实验也要准确测定其抗拉强度。

④ 颈缩和断裂阶段 BK:对于低碳钢类塑性材料,在承受拉力达 F_m 以前,试样发生的变形在各处基本上是均匀的;但在达到 F_m 以后,则变形主要集中于试样的某一局部区域,在该区域横截面面积急剧缩小,这种特征就是所谓颈缩现象。试验中试样一旦出现“颈缩”,拉力随即下降,示力度盘上的主动针继续回转,直至试样被拉断,则拉伸曲线由顶点 B 急剧下降至断裂点 K,故称曲线 BK 阶段为颈缩和断裂阶段。试样拉断后,弹性变形消失,而塑性变形则保留在拉断的试样上,其断口形貌呈杯锥状。利用试样原始标距内的残余变形来计算材料的断后伸长率 A 和断面收缩率 Z,其计算公式如下:

断后伸长率为

$$A=\frac{L_u-L_0}{L_0}\times100\% \tag{26-1}$$

断面收缩率为

$$Z=\frac{S_u-S_0}{S_0}\times100\% \tag{26-2}$$

式中:L_0 为原始标距长度;S_0 为原始横截面面积;L_u 为试样断裂后标距长度;S_u 为试样断裂后颈缩处最小横截面面积。

(2) 铸铁拉伸实验原理

对铸铁试样做拉伸实验时,利用试验机的自动绘图装置可绘出铸铁试样的拉伸图,如图 26-3 所示。实验表明,在整个拉伸过程中试样变形很小,无屈服和颈缩现象,拉伸图上无明显直线段,拉伸曲线很快达到最大拉力 F_m,试样突然发生断裂,其断口平齐粗糙,是一种典型的脆性破坏断口如图 26-4 所示。其抗拉强度(或强度极限)为 $R_m=F_m/S_0$,远小于低碳钢材料的抗拉强度。

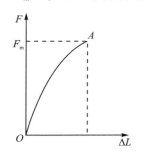

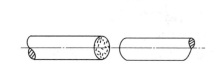

图 26-3　铸铁试样拉伸图　　　图 26-4　铸铁试样断口

3. 实验设备及材料

（1）万能材料试验机如图 26 - 5 所示。

图 26 - 5　万能材料试验机

（2）电子引伸计、游标卡尺、试样划线器。

（3）试样制备：根据 GB/T 2975—1998 和 ISO 377—1997《钢及钢产品力学性能试验取样位置和试样制备》的要求，其直径 D 和试验段 L_0 满足 $L_0/D = 10$ 或 5，如图 26 - 6 所示。

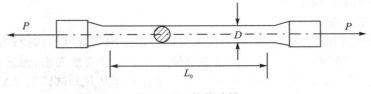

图 26 - 6　拉伸试样

4. 实验方法和步骤

（1）用细砂纸打磨低碳钢试样表面，使之光亮洁净。在试样的原始标距长度 L_0 范围内，用试样划线器细划等分 10 个分格线，标距端点可做上颜色标记，对原始标距的标记应准确到 $\pm 1\%$，以便观察标距范围内沿轴向变形和晶体滑移迹线的情况，也便于试样断裂后测定断后伸长率。

（2）根据 GB/T 228—2002《金属材料室温拉伸试验方法》中第 7 章的规定，测定试样原始横截面面积。本次实验采用圆形截面试样，应在标距的两端及中间处的两个相互垂直的方向上各测一次横截面直径 d，取其算术平均值，选用三处中平均直径最小值，并以此值计算横截面面积 S_0，$S_0 = \pi d^2/4$。该计算值修约到四位有效数字

（π 取五位有效数字）。

（3）安装试样，可快速调节试验机的夹头位置，将试样先夹持在上夹头中，把测力指针调零，随动指针靠上；再升起下夹头，将试样夹牢并使之铅直；将试验机上自动绘图装置及绘图纸调整好，使试样处于完好待实验状态。经指导教师检查后即可开始实验。

（4）在加载实验过程中，总的要求是缓慢、均匀、连续地进行加载。

（5）对低碳钢试样，测定下屈服强度 R_{eL}，在试样平行长度的屈服期间其应变速率应在 0.000 25/s～0.002 5/s 之间，试验中平行长度内的应变速率应尽可能保持恒定；测定抗拉强度 R_m 时，试样平行长度的应变速率不应超过 0.008/s。在上述规定的应变速率的范围内选择确定一适宜的试验速率。对于铸铁试样，测定抗拉强度 R_m 时，试样平行长度的应力速率不应超过 6 N/(mm^2·s^{-1})。

（6）在实验中，对低碳钢试样，要注意观察拉伸过程四个特征阶段中的各种现象，记下示力度盘上指针首次停止时的上屈服点力 F_{eH} 值、主动针往复回转所指示下屈服点力 F_{eL} 值和最大力 F_m 值。对于铸铁试样，记下示力度盘上最大力 F_m 值。当试样被拉断后立即停机，并取下试样观测。

（7）对于拉断后的低碳钢试样，要分别测量断裂后的标距 L_u 和颈缩处的最小直径 d_u。按照 GB/T 228—2002 中的规定测定 L_u 时，将试样断裂后的两段在断口处紧密地对接起来，尽量使其轴线位于一条直线上，直接测量原始标距两端的距离即得 L_u 值。如果断口处到最邻近标距端点的距离小于或等于(1/3)L_0，则需要用 GB/T 228—2002 中附录 F《移位方法测定断后伸长率》的方法来计算试样断后伸长率。

5. 实验报告要求

（1）根据实验测定的数据，可分别计算出材料的强度指标和塑性指标。

① 低碳钢强度指标如下：

上屈服强度为

$$R_{eH} = F_{eH}/S_0 \tag{26-3}$$

下屈服强度为

$$R_{eL} = F_{eL}/S_0 \tag{26-4}$$

抗拉强度为

$$R_m = F_m/S_0 \tag{26-5}$$

② 低碳钢塑性指标如下：

断后伸长率为

$$A = \frac{L_u - L_0}{L_0} \times 100\% \tag{26-6}$$

断面收缩率为

$$Z = \frac{S_0 - S_u}{S_0} \times 100\% \qquad (26-7)$$

③ 铸铁强度指标如下：

抗拉强度为

$$R_m = F_m / S_0 \qquad (26-8)$$

（2）绘出拉伸过程中的 $F-\Delta L$ 和 $\sigma-\varepsilon$ 曲线，对实验中观察到的各种现象进行分析比较，并写入实验报告中。

实验 27　材料疲劳实验

1. 实验目的

（1）掌握金属高周疲劳性能的特点。
（2）了解高周疲劳性能检测试验的基本原理。
（3）了解金属材料高周疲劳性能测试装置的使用方法。
（4）掌握高周疲劳寿命数据的处理方法。

2. 实验原理

材料/结构在交变载荷作用下产生的不可逆的损伤累积过程称为疲劳，损伤累积可使材料/结构产生裂纹，裂纹进一步扩展至完全断裂，称为疲劳破坏。与金属静破坏相比，疲劳破坏具有如下特点：

（1）交变载荷峰值在远低于材料强度极限的情况下，就可能发生破坏，表现低应力脆性断裂的特征。

（2）破坏有局部性质。无论是脆性材料还是塑性材料，疲劳破坏在宏观上均无明显的塑性变形区域。

（3）疲劳寿命有极大的分散性，对载荷、环境、材料特性、结构形式、加工工艺等多种因素相当敏感。

（4）疲劳断口在宏观上和微观上都有显著特征。

疲劳寿命 N：指在交变应力作用下导致材料结构破坏的交变应力循环数，它与应力水平、环境、材料特性、结构形式及表面处理工艺等相关。

高周疲劳：指材料结构在低于材料屈服硬度循环应力作用下的疲劳。其寿命一般在 10^5 次以上。

3. 实验设备及材料

（1）疲劳试验机　疲劳试验允许在不同类型的拉压疲劳试验机上进行，但必须满足：①使试样受载对称分布。② 在静态下校正载荷，其相对误差不超过 1%，示值变动度不超过 1%；在动态下校正载荷，其相对误差不超过 3%。③ 带有准确的技术装置，如游标卡尺等。电液伺服疲劳试验机如图 27-1 所示。

（2）试样制备　试样按 GB 3075—82《金属轴向疲劳试验方法》制成。

图 27 - 1   电液伺服疲劳试验机

4. 实验方法和步骤

（1）试样准备，试验前用肉眼和放大镜检查试件是否存在明显的缺陷，如表面划伤、蚀坑以及磕碰痕迹等。

（2）测量试件尺寸，用精度为 0.01 mm 的量具测量试样的工作段不同位置的厚度 B，取平均值。用精度为 0.001 mm 的量具测量试样工作段宽度 W。对棒状试件，用精度为 0.01 mm 的量具在试样工作段随机测量若干直径 R，取平均值。

（3）检查试验装备，开启试验装备。

（4）夹持试件。

（5）设定试验参数。

（6）进行试验，记录试验现象。

（7）试验结束后取下试件，观察断口，保存试件。

5. 实验报告要求

（1）疲劳试验断口的分析。

（2）疲劳寿命的统计处理。

实验 28　材料冲击韧性测定

1. 实验目的

（1）用摆锤冲击试验机，冲击简支梁受载条件下的低碳钢和铸铁试样，确定一次冲击负载作用下折断时的冲击韧性 α_{ku}。

（2）通过分析计算，观察断口，比较上述两种材料抵抗冲击载荷的能力。

2. 实验原理

衡量材料抗冲击能力的指标用冲击韧度来表示。冲击韧度是通过冲击实验来测定的。这种实验在一次冲击载荷作用下显示试件缺口处的力学特性（韧性或脆性）。虽然试验中测定的冲击吸收功或冲击韧度不能直接用于工程计算，但它可以作为判断材料脆化趋势的一个定性指标，还可作为检验材质热处理工艺的一个重要手段。这是因为它对材料的品质、宏观缺陷、显微组织十分敏感，而这点恰是静载实验所无法揭示的。

测定冲击韧度的试验方法有多种。国际上大多数国家所使用的常规试验为简支梁式的冲击弯曲试验。在室温下进行的实验一般采用 GB/T 229—1994 标准《金属夏比冲击试验方法》，另外还有"低温夏比冲击实验""高温夏比冲击实验"。

由于冲击实验受到多种内在和外界因素的影响。要想正确反映材料的冲击特性，必须使用冲击实验方法和设备标准化、规范化，为此我国制定了金属材料冲击实验的一系列国家标准（例如 GB 2106、GB 229—84、GB 4158—84、GB 4159—84）。本实验介绍"金属夏比冲击实验"（即 GB/T 229—1994）测定冲击韧度。

冲击试验利用的是能量守恒原理，即冲击试样消耗的能量是摆锤试验前后的势能差。试验时，把试样放在图 28-1 所示的 B 处，将摆锤举至高度为 H 的 A 处自由落下，冲断试样即可。

摆锤在 A 处所具有的势能为

$$E = GH = GL(1 - \cos \alpha) \tag{28-1}$$

冲断试样后，摆锤在 C 处所具有的势能为

$$E_1 = Gh = GL(1 - \cos \beta) \tag{28-2}$$

势能之差 $E - E_1$，即为冲断试样所消耗的冲击功 A_K：

$$A_K = E - E_1 = GL(\cos \beta - \cos \alpha) \tag{28-3}$$

式中：G 为摆锤重力，N；L 为摆长（摆轴到摆锤重心的距离），mm；α 为冲断试样前摆锤扬起的最大角度；β 为冲断试样后摆锤扬起的最大角度。图 28-1 所示为冲击试

验原理图。

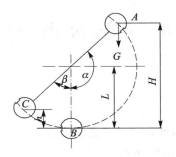

图 28 - 1　冲击试验原理图

3. 实验设备及材料

（1）冲击试验机、游标卡尺等。冲击试验机结构图如图 28 - 2 所示。

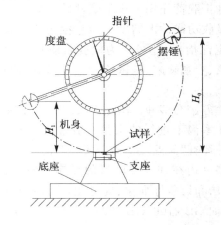

图 28 - 2　冲击试验机结构图

（2）试样制备：若冲击试样的类型和尺寸不同，则得出的实验结果不能直接比较和换算。本次实验采用 U 形缺口冲击试样，其尺寸及偏差应根据 GB/T 229—1994 规定，见图 28 - 3。加工缺口试样时，应严格控制其形状、尺寸精度以及表面粗糙

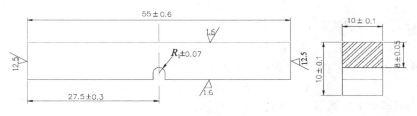

图 28 - 3　冲击试样

度。试样缺口底部应光滑、无与缺口轴线平行的明显划痕。

4. 实验方法和步骤

（1）试样准备,测试试样的几何尺寸及缺口处的横截面尺寸。

（2）根据材料冲击韧性来选择试验机的摆锤和表盘。

（3）安装试样。

（4）进行实验,将摆锤举起到高度 H 并锁住,然后释放摆锤,冲断试样后,待摆锤扬起到最大高度,再回落时,立即刹车,使摆锤停住。

（5）记录表盘上所示的冲击功值。取下试样,观察断口。实验完毕,将试验机复原。

5. 实验报告要求

（1）计算冲击韧性值。

（2）比较分析两种材料抵抗冲击时所吸收的功,观察破坏断口形貌特征。

实验 29　Gleeble - 3500 热-力
模拟仪高温压缩实验

1. 实验目的

（1）熟悉高温压缩实验。

（2）掌握 Gleeble - 3500 热-力模拟仪用高温压缩试样的要求。

（3）初步掌握 Gleeble - 3500 热-力模拟仪高温压缩实验的操作流程。

（4）初步掌握高温压缩实验的数据输出。

2. 实验原理

Gleeble - 3500 热-力模拟仪的基本组成包括：控制系统、加热系统、液压系统、冷却系统、数据采集系统等，同时可选装真空系统、淬火系统、液压楔系统、扭转系统等，其基本结构组成如图 29 - 1 所示。

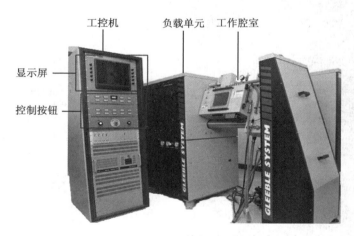

图 29 - 1　Gleeble - 3500 热-力模拟仪

控制系统由 Windows 工作站及工控机组成。其中 Windows 工作站包括 Quik-Sim 及 Origin 软件。QuikSim 软件是用于面向用户的编程界面，通过这个界面，可以很轻松地进行 Gleeble 编程和控制。工控机的显示屏用于试验中实时显示 10 个参数；此外，工控机内置计算机用于接收在 QuikSim 软件上所编的程序，并发出执行指令控制各个单元，确保设备的可靠运行。控制柜显示屏下方的诸多按钮，可以实现设备的开启、关闭、急停、液压、真空、空气锤、淬火等基本操作。

加热系统采用电阻式加热的方式,利用高导热率的夹具夹持试样,通过控制电流大小进而控制试样加热的温度。Gleeble-3500 的定向电阻加热系统能以最高 10 000 ℃/s 的速率加热试样。

液压系统为试验中提供稳定的液压动力,配合伺服系统和油缸、阀门完成位移、加载等动作,满足试样在热变形过程中对于力与变形的要求。Gleeble-3500 的机械系统是一套 10 吨静态拉伸/压缩力的液压伺服控制系统,其移动速度最快可以达到 1 000 mm/s。

冷却系统由一个水冷机组及外挂空调组成,主要用于在保证试样升温的同时,更好地控制升温速率;而且为了保证设备其他部位不会温度过高,必须通入内循环冷却水,以对设备进行保护。

数据采集系统包括压力传感器、位移传感器、温度传感器、Jaw 传感器等各种传感器模块,主要用于收集各种数据并反馈给控制系统。腔室内部构造及模块如图 29-2 所示。

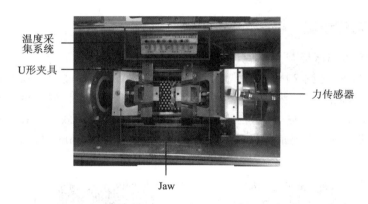

图 29-2 腔室内部构造

为了满足不同的温度使用要求,Gleeble-3500 配备了 4 个温度通道,可以接通 K 型、S 型、R 型和 B 型热电偶,其中最常用的有 R 型及 K 型两种,R 型热电偶丝用于 1 200 ℃ 以上的实验,K 型热电偶丝用于 1 200 ℃ 以下的实验。

通过真空系统可以对工作腔室抽真空并通入保护气体,防止试样在实验过程中的氧化。为了满足不同冷却速率的要求,Gleeble-3500 可选配淬火系统,淬火组件见图 29-3。但通过淬火系统进行的冷却无法实现伺服控制,需要根据实验经验进行调整以满足试验要求。

3. 实验设备及材料

(1) 实验设备:Gleeble-3500 热-力模拟仪、点焊机、ISO-T 流变应力砧子组件。

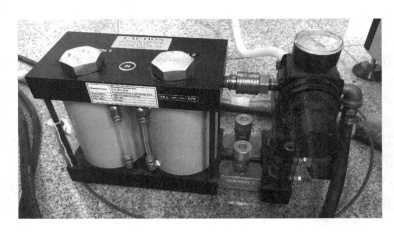

图 29-3 淬火组件

（2）实验材料：低碳钢 10 mm×15 mm 压缩试样、高温润滑脂、石墨垫片、热电偶丝。

4. 实验方法和步骤

（1）高温压缩试样与热电偶焊接讲解与示范

利用点焊机（见图 29-4）将热电偶焊接到试样表面，通过工作腔室内部的温度传感器采集温度信号，并为温度控制提供反馈信号。根据实验的温度需要选择热电偶，本次实验选择 K 型热电偶，在测量精度、反馈速度和使用效果上比较适宜。利用电焊机进行焊接时，应保证 2 根热电偶丝焊点相隔 1～2.5 mm 之间，且两焊点的平面与轴垂直。

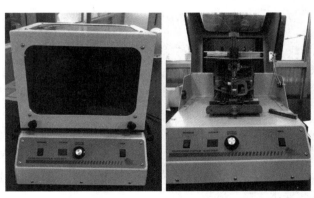

图 29-4 点焊机

（2）高温压缩实验的编程讲解与示范

利用 QuikSim 软件进行热压缩试样的编程操作，应主要考虑这样几个问题：试验温度、升温速率、保温时间、压缩变形量、压缩变形速率、降温速率等,其基本的实验示意图见图 29-5。根据实验要求,利用 QuikSim 软件进行编程实现对上述变量的控制。

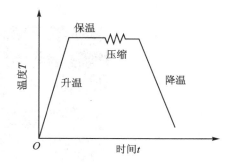

图 29-5 高温压缩实验示意图

QuikSim 是一个用户操作界面,通过这个界面,可以很轻松地进行 Gleeble 编程及控制。QuikSim 提供三种编程方法:表格编程,即电子表格形式的编程环境,也是 Gleeble 最普通的编程方式;焊接控制编程(HAZ),用于对焊接实验温度循环的模拟控制编程;Gleeble 脚本编程(GSL),弹性较大,直接面向机器的语言。

QuikSim 软件常用菜单栏介绍:①File,打开、保存、新建 QuikSim 文件以及打印和退出;②Edit,编辑 QuikSim 文件;③Compose,弹出一个下拉框,利用其弹出的命令可以编辑表格程序,从而实现循环重复、插入新的程序行、复制指针选中的一行等操作;④Gleeble,下拉菜单包括:运行 QuikSim 程序、停止执行程序、向获得的数据添加文本标记、发送信息至 Origin 软件,在每次测试中这些操作被自动执行、自检命令以及重新连接 QuikSim 软件和操作控制系统等。

(3)高温压缩试样的安装讲解与示范

为了减小试样在压缩变形中的摩擦力,ISO-T 轴向压力实验中使用石墨片作为润滑剂,石墨片一端涂镍基润滑介质并与压缩砧子相连,保证试样轴向达到统一温度。高温压缩试样安装到位后的示意图如图 29-6 所示。

图 29-6 高温压缩试样安装示意图

(4)高温压缩实验的运行讲解与示范

将试样安装到位,关闭腔室仓门,待到工控机上显示屏的 DoorSafety 指示灯为绿色时(见图 29 - 7),可以运行程序。

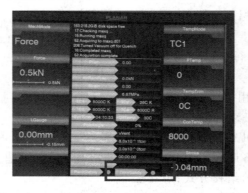

图 29 - 7 工控机显示屏

　　首先按下工控机上的 RUN 按钮(见图 29 - 8),然后在 QuikSim 软件中的 Gleeble 下拉菜单中运行试验程序。待到程序运行结束,预装的 Origin 软件会弹出实验中记录的数据,利用 Origin 数据处理软件对数据进行分析和作图。实验结束后用镊子取出变形后的试样,留做后续处理。

图 29 - 8 工控机按钮

5. 实验报告要求

　　(1)实验报告必须字迹清楚,文字叙述要力求简练,图标、数据要准确。
　　(2)实验报告作为实验成绩考核标准之一,必须在实验结束后一周内由课代表收齐交实验指导教师。不符合实验报告要求的,实验指导教师有权退回,令其限期重做。
　　(3)本实验报告的重点内容:
　　① Gleeble - 3500 热-力模拟仪用高温压缩试样的要求。
　　② 高温压缩实验的操作流程。
　　③ 高温压缩实验的数据输出。
　　④ 安全注意事项。
　　(4)写出实验后的心得体会与建议。

实验 30　Gleeble‑3500 热‑力模拟仪高温拉伸实验

1. 实验目的

（1）熟悉高温拉伸实验。

（2）掌握 Gleeble‑3500 热‑力模拟仪用高温拉伸试样的要求。

（3）初步掌握 Gleeble‑3500 热‑力模拟仪高温拉伸实验的操作流程。

（4）初步掌握高温拉伸实验的数据输出。

2. 实验原理

Gleeble‑3500 热‑力模拟仪高温拉伸实验原理与实验 29 的原理基本一致,差别在于本次实验使用的是 10 mm 圆热夹头组件。

3. 实验设备及材料

（1）实验设备:Gleeble‑3500 热‑力模拟仪、10 mm 圆热夹头组件、点焊机。

（2）实验材料:低碳钢拉伸试样、热电偶丝。

4. 实验方法和步骤

（1）高温拉伸试样与热电偶焊接讲解与示范

高温拉伸试样的焊接过程及要求与高温压缩实验一致。

（2）高温拉伸实验的编程讲解与示范

利用 QuikSim 软件进行热试样的编程操作,主要考虑这样几个问题:试验温度、升温速率、保温时间、拉伸变形量、拉伸变形速率和降温速率等,其基本的实验示意图见图 30‑1。根据实验要求利用 QuikSim 软件进行编程实现对上述变量的控制。

（3）高温拉伸试样的安装讲解与示范

为了保证良好的接触,需用 10 mm 铜夹具和 U 形夹头固定,高温拉伸试样安装到位后的示意图如图 30‑2 所示。当热电偶过长时,为了防止试样加热过程中热电偶产生软化而搭接到一起,必须将热电偶悬挂,并具有一

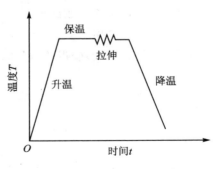

图 30‑1　高温拉伸实验示意图

定的自由度。

图 30 - 2　高温拉伸试样安装示意图

（4）高温拉伸实验的运行讲解与示范

高温拉伸试样程序的运行与高温压缩一样,区别在于调用的程序为高温拉伸程序。

5. 实验报告要求

（1）实验报告必须字迹清楚,文字叙述要力求简练,图标、数据要准确。

（2）实验报告作为实验成绩考核标准之一,必须在实验结束后一周内由课代表收齐交实验指导教师。不符合实验报告要求的,实验指导教师有权退回,令其限期重做。

（3）本实验报告的重点内容:

① Gleeble - 3500 热-力模拟仪用高温拉伸试样的要求。

② 高温拉伸实验的操作流程。

③ 高温拉伸实验的数据输出。

④ 安全注意事项。

（4）写出实验后的心得体会与建议。

实验 31 Deform - 3D 有限元模拟热挤压工艺

1. 实验目的

（1）熟悉 Deform - 3D 有限元模拟软件的常用功能。

（2）掌握 Deform - 3D 有限元模拟软件的操作流程。

（3）初步掌握 Deform - 3D 有限元模拟热挤压工艺的操作及结果分析。

2. 实验原理

（1）Deform - 3D 有限元模拟软件的特点

Deform - 3D 是一个高度模块化、集成化的有限元模拟系统,能够对金属的复杂成形过程进行模拟分析。它具有以下特点:

① 图形界面灵活、友好,高度模块化、集成化,操作方便,功能强大,适用于分析金属的冷、温、热成形过程,机械加工及热处理工艺等,可以输出材料的填充与流动特性、应力场、应变场、温度场、晶粒流动、模具应力、变形缺陷等结果。

② 丰富的材料库,Deform - 3D 提供了 250 多种材料数据库,包括常用的钢铁、铝合金、钛合金等材料的变形数据、物理特性数据、材料硬化数据等,方便用户调取使用。用户也可根据自己的需要定制材料库。

③ 自动网格划分及局部细化网格功能,可以提高可操作性及运算效率。

④ 具有完善的 CAD 及 CAE 接口,方便用户导入由 Pro/E、CATIA、UG、Solid-Works 等主流三维造型软件生成的 STL/SLA 等格式的文件。

⑤ 集成多种设备模型,Deform - 3D 软件中集成了多种实际生产中常用的设备模型,包括液压机、机械式压力机、锻锤等,方便用户根据实际需要进行各种设备的选择及使用。

（2）Deform - 3D 有限元模拟软件的主要功能

Deform - 3D 模拟软件的功能主要包括成形工艺、切削加工及热处理工艺等的分析。

① 成形工艺分析主要用于金属的冷、温、热的成形,热-力耦合及粉末冶金成形等工艺分析。可以用来分析材料变形过程中的填充及流动特性、模具应力、变形载荷、成形缺陷、温度场、应力应变场、损伤及磨损等。

② 切削加工分析主要包括车、铣、刨及钻孔等机械加工过程中工件温度、变形、热处理相变及刀具的应力、应变、温度变化等情况。

③ 热处理工艺模拟适用于模拟金属材料经过正火、退火、淬火、回火及渗碳等热

处理之后,显微组织及硬度的改变。

（3）Deform - 3D 有限元模拟软件的主界面讲解

启动 Deform 软件,在 Windows 上单击"开始"→"程序"→DEFORM V11.0 → DEFORM,启动后出现如图 31 - 1 所示的主界面。Deform - 3D 的主界面包括工作目录、菜单栏、信息显示窗口和主菜单栏。

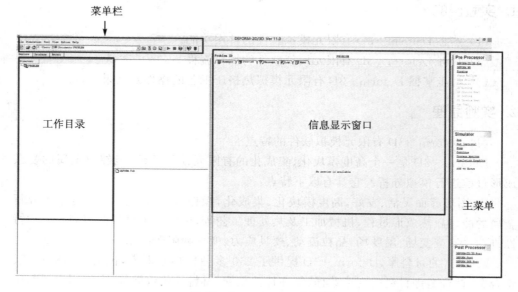

图 31 - 1　DEFORM 主界面

① 菜单栏包括文件管理、存储目录设置、仿真设置、环境设置、视图设置和帮助等功能菜单。

② 工作目录用于显示正在执行及已完成的任务的目录信息,通过目录信息可以打开正在执行及已经完成的任务。

③ 信息显示窗口用于显示任务执行过程中的各种信息,包括操作过程信息、模拟结果显示、模拟过程各步骤信息等。

④ 主菜单包括实现前处理、模拟计算及后处理的三个主要区域。

3. 实验设备及材料

（1）预装 Deform - 3D 有限元模拟软件的台式电脑。

（2）投影仪。

4. 实验方法和步骤

（1）Deform - 3D 模拟的基本流程介绍。

根据 Deform - 3D 有限元软件模拟的特点及模块设置,其基本流程主要包括前处理、FEM 求解及后处理三个过程,如图 31-2 所示。前处理用以进行几何建模和导入、网格划分、材料属性定义、工艺参数定义及数据库文件的生成。FEM 求解主要是对所建立的数据库文件进行计算求解,可以随时终止或者开始计算进程以及通过图形输出窗口观察模拟进程。后处理则为模拟结果的显示与导出提供了丰富的数据,可以输出应力、应变、温度、速度、成形质量、缺陷等的云图、曲线及视频文件。

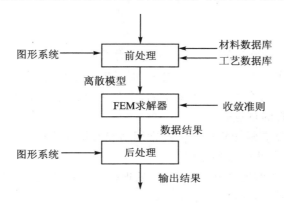

图 31-2　Deform 模拟的基本流程[1]

（2）热挤压工艺分析与讲解。

对于热挤压工艺的模拟,首先要进行工艺分析与分解,其中包括三个基本的过程:

第一阶段为热传导过程:坯料从加热炉到放入模具之前与空气发生的热传导过程。

第二阶段为热传递过程:坯料放入模具到挤压之前,坯料与模具之间发生的热传递过程。

第三阶段为热传递与热挤压变形之间的热-力耦合过程。

进行工艺分析与讲解之后,可以针对每一个过程进行模拟。

（3）热挤压工艺模拟的流程讲解。

完成工艺分析与讲解之后,对问题进行初始化处理。

① 根据本案例的特点,其模型可以采用 1/4 来分析。

② 材料:坯料为 AISI-316,模具为 H13。

③ 温度:坯料初始温度为 500 ℃,模具初始温度为 450 ℃。

④ 第一阶段热传递时间为 8 s;第二阶段热传递时间为 5 s;第三阶段凸模的速度为 15 mm/s,行程为 55 mm。

⑤ 单位:国际单位制。

[1]　胡建军,李小平.DEFORM-3D 塑性成形 CAE 应用教程.北京:北京大学出版社,2011.

（4）热传导模拟的前处理的讲解及操作演示。

（5）热传导模拟的模拟运算操作演示。

（6）热传导模拟的后处理的讲解及操作演示。

（7）每个学生利用 Deform‐3D 有限元模拟软件进行热挤压模拟操作。

（8）热挤压模拟后处理数据输出。

5．实验报告要求

（1）实验报告必须字迹清楚，文字叙述要力求简练。

（2）实验报告作为平时考核成绩之一，必须在实验结束后一周内由课代表收齐交实验指导教师。不符合实验报告要求的，实验指导教师有权退回，令其限期重写。

（3）本实验报告的重点内容：

① Deform‐3D 有限元模拟软件的常用功能及操作流程。

② 金属热挤压工艺模拟的流程。

③ 热挤压模拟的前处理操作要点、后处理操作要点及结果分析。

（4）写出实验后的心得体会与建议。

参考文献

[1] 金属材料 拉伸试验:第1部分 室温试验方法:GB/T 228.1—2010[S].北京:中国标准出版社,2011.

[2] 金属材料 室温压缩试验方法:GB/T 7314—2005[S].北京:中国标准出版社,2005.

[3] 金属材料 疲劳试验:GB/T 4337—2008[S].北京:中国标准出版社,2008.

[4] 金属材料 夏比摆锤冲击试验方法:GB/T 229—2007[S].北京:中国标准出版社,2008.

[5] 金属材料滚动接触疲劳试验方法:YB/T 5345—2006[S].北京:中国标准出版社,2006.

[6] 金属材料 布氏硬度试验:第1部分 试验方法:GB/T 231.1—2009[S].北京:中国标准出版社,2009.

[7] 金属材料 洛氏硬度试验:第1部分 试验方法(A、B、C、D、E、F、G、H、K、N、T标尺):GB/T 230.1—2009[S].北京:中国标准出版社,2009.

[8] 金属材料 维氏硬度试验:第1部分 试验方法:GB/T 4340.1—2009[S].北京:中国标准出版社,2009.

[9] 韩德伟.金属硬度检测技术手册[M].长沙:中南大学出版社,2003.

[10] 束德林.工程材料力学性能[M].北京:机械工业出版社,2009.

[11] 孙建林.材料成型与控制工程专业实验教程[M].北京:冶金工业出版社,2014.

[12] 张志文.锻造工艺学[M].北京:机械工业出版社,1983.

[13] 肖景容,姜奎华.冲压工艺学[M].北京:机械工业出版社,1990.

[14] 张朝晖.ANSYS8.0热分析教程与实例解析[M].北京:中国铁道出版社,2005.

[15] 邹贵生.材料加工系列实验[M].北京:清华大学出版社,2005.

[16] 刘玉文.锻压专业实验指导书[M].北京:机械工业出版社,1989.

[17] 夏巨谌.金属塑性成形综合实验[M].北京:机械工业出版社,2010.

[18] 魏立群,柳谋渊.金属压力加工原理及工艺实验教程[M].北京:冶金工业出版社,2011.

[19] 钱健清.金属材料塑性成形实习指导教程[M].北京:冶金工业出版社,2012.

[20] 邹贵生,黄天佑,李双寿.材料加工系列实验[M].北京:清华大学出版社,2011.

[21] 赵刚,胡衍生.材料成型及控制工程综合实验指导书[M].北京:冶金工业出版社,2008.

[22] 米国发.材料成型及控制工程专业实验教程[M].北京:冶金工业出版社,2011.

［23］葛利玲.材料科学与工程基础实验教程［M］.机械工业出版社,2008.

［24］朱张校,姚可夫.工程材料习题与辅导［M］.清华大学出版社,2011.

［25］陈振华,等.镁合金［M］.北京:化学工业出版社,2004.

［26］邓坤坤.锻造工艺对 SiC/AZ91 镁基复合材料显微组织与性能的影响［D］.哈尔滨:哈尔滨工业大学,2008.

［27］西北工业大学有色金属锻造编写组.有色金属锻造［M］.北京:国防工业出版社,1979.

［28］李增苗.$Mg_2B_2O_5$/AZ63B 镁基复合材料塑性成形的试验研究与数值模拟［D］.西宁:青海大学,2014.

［29］王迎新.Mg‐Al 合金晶粒细化、热变形行为及加工工艺的研究［D］.上海:上海交通大学,2006.

［30］赖华清.压铸工艺及模具［M］.北京:机械工业出版社,2010.

［31］胡建军,李小平.DEFORM‐3D 塑性成形 CAE 应用教程［M］.北京:北京大学出版社,2011.